人生没有彩排，现在就是你的未来

沈善书——著

九州出版社
JIUZHOUPRESS

努力从来都不是轻松的一件事，相反努力过程中会比较吃力，那为什么努力的人还要努力？因为只有努力奋斗，才有资本去匹配自己的野心，去满足心中的愿望，才会比过去活得更好。

平凡普通的我们，没有谁天生好命，谁不是一边含泪奔跑一边咬牙坚持，谁不是一边跌跌撞撞一边苦中有乐，我们拼不了家庭与父母，但我们可以拼自己。

你的努力会给你带来好运，让你有从容不迫的资本去应对未来的变化。

你若能体会到人生是苦尽甘来的道理，那么“熬”对你而言，是默默修炼自己，等待着熬出头的璀璨绽放。

姑娘认为，自己的盖世英雄会驾着七彩云来迎接自己。不好意思，你邋里邋遢，浑浑噩噩，他不是来迎接你的，他只是向你问路。

这世界可能没你想得那么完美无瑕，会让你流泪、伤心、难过、想逃，这些才是真实的世界，但你不要因为这个世界的残酷就不去奋斗，你不努力不改变自己，世界只会变本加厉地欺负你。

当你自己变得漂亮又有能力后，千万别回头找前任，你要向前看，毕竟前方有希望，也有和你一样懂得上进的人在等你。

青春不等人，等人的也不叫青春，叫老去。

在实现梦想的路上，本来就会有各种不同的声音出现在你的耳边，你要做的不是花时间去听这些声音，而是专心致志地继续做好你该做的事，全力以赴去完成自己的梦想。

不要再把时间耗费在取悦别人上面，你现在应该做的是把自己变成一株向日葵，散发光芒的同时也能吸引别人靠近。

目录 Contents

PART 1

成长不相信眼泪，只相信你努力的姿态

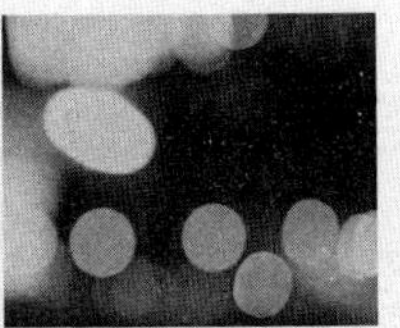

PART 2

当你足够努力，好运就会降临

PART 3

改变自己很辛苦，不改变却会活得辛苦

PART 4

这世上
没有平白无故的成功

PART 5

你所谓的平淡是真，
不过是安于现状

PART 6

总有人会陪你 把平凡日子过得光芒万丈

PART 1

成长不相信眼泪，只相信你努力的姿态

努力不一定会成功，但不努力一定不会有所改变。当你放弃了努力，认为不努力很舒服时，你就已经被生活打败了。

不努力确实很舒服，
但放弃努力什么都不会有

生活中总会有这些声音告诉你，不努力会很轻松。

你列了很多工作计划与目标，表示要努力搞定某个棘手的项目。于是，你把这些目标晒在了朋友圈，发帖立证，颇有悬梁刺股的豪情壮志。有人评论说“为什么要自讨苦吃，既然难搞就不要去做，就算做得好还不是没涨工资”，你想了想，好像是挺有道理的。

你想利用假期打工挣钱去旅行，有人说当下的苟且都没解决，谈什么诗和远方，于是，你又把钱挥霍了；你信心满满重拾某个爱好，说要做一个积极努力的人，又有人会说“比你优秀的人那么多，别白费力气了，你看看我，不用努

力，每天就这样过生活，还不是挺自在的嘛。”

这些声音告诉你努力会很累很辛苦，而且努力过后也得不到收获，倒不如不努力，就不用花费力气了啊，也不用承受努力过后没有收获的失落感。

不努力是很舒服，但是你不努力，就得不到你想要的生活与你想要的一切，尤其是对普通家庭出身的人而言，不努力就只能大热天挤公交，大冬天等末班车，永远租房住，永远穿廉价的地摊货，永远被人宰割，永远被动接受命运安排，因为没资本反驳啊。

我之前工作时的同事小张，便是一个喜欢为自己的不努力找理由的人，因为“不努力才舒服”是他人生字典里信奉的话。此外，他还是一个经常把羡慕挂嘴边的人。

有时候，我上午在单位忙工作，中午在食堂吃饭后又忙着整理下午需要的采访资料。小张看见后，先抱怨了一番说为什么把自己折腾得那么累呢，天气那么冷，不如在办公室里盖着被子打着游戏吹着暖和的空调，多安逸多自在。接着，他又一边打游戏一边说挺羡慕我和他一样刚大学毕业，为什么我就能够得到领导赏识去采访，他却只能在办公室里做一些资料搜集工作。

刚开始，听见小张这样说，我还会给他灌鸡汤，告诉他努力的好处，尤其对我们这种平凡家庭出身的人而言，努力才有机会改写自己的命运。小张听了也浑身是劲，他说他第二天要跟着我学习写新闻报道。

到了第二天，我便兴致勃勃地与他谈起写新闻报道的事。小张又懒洋洋地说：“今天还是算了吧，工作还没忙完呢。”等他忙完工作，又去悄悄打游戏了。

第三天，我又问小张，我说给你推荐几本书，他仍旧用懒洋洋的语气说：“算了吧，就算我努力了，领导还不是看不见我的努力，我还不是没你优秀？倒不如不努力，还能拿工资，每天工作又轻松，下班回家又有女朋友做好的饭菜，也挺好的。”

听见小张这样说，我略带生气地说：“如果你觉得不努力很舒服，那你就不要总在我面前说羡慕这个羡慕那个，一个都踏入社会了的大老爷们儿整天就知道打游戏看剧，还不知道赚钱养家，真不知道你女朋友为什么看得上你。”

此后的一段时间里，我与小张关系比较尴尬，彼此都沉默了一阵。后来，他又恢复原样，叫我教他写新闻稿让我给他推荐书籍。而后，他自己又说努力很累不想努力，还不如就安于现状。

如果你喜欢安于现状，认为不努力就很舒服轻松，那就不要羡慕别人的诗和远方；不要羡慕别人在职场上一路offer；不要羡慕别人靠自己努力买奢侈品；更不要羡慕别人有出国深造的机会。作家蔡康永说："15岁觉得游泳难，放弃游泳，到18岁遇到一个你喜欢的人约你去游泳，你只好说'我不会耶'。18岁觉得英文难，放弃英文，28岁出现一个很棒但要会英文的工作，你只好说'我不会耶'。人生前期越嫌麻烦，越懒得学，后来就越可能错过让你动心的人和事，错过新风景。"

我时常听见身边的人这样说"凭什么一个没我长得好看的女生能够嫁得好""凭什么他能够买房买车，他以前那么穷""凭什么口才不好的他能够连续三个月拿到销售冠军"，很多人都喜欢问生活凭什么，却忘了问自己凭什么。

如果你认为不努力很舒服，就别总是张嘴闭嘴地问凭什么。有那么多精力和时间问凭什么，不如多照照镜子看看你现在的样子，美吗？帅吗？五官好看吗？是不是脸上很多痘痘啊，头发也油腻腻的？口袋里还有多少钱？因为你懒得改变啊，改变自己是一件需要耗费力气的事，更何况努力奔跑耗费的力气更多更大。

然而，你想过没有，原本你可以过上更好的生活，你却不努力；原本你可以变得比以前优秀一些，你却三分钟热度；原本你可以升职加薪，你却打游戏逛淘宝玩手机。你嫌努力很累，怀疑努力得不到收获，认为不努力很舒服，就不要总是问凭什么。就算你被生活扇了耳光，我也认为那是你活该，谁叫你没能力还手。

只有那些没本事的弱者才喜欢安于现状，敢和生活叫板的强者都在积极设计自己的命运。面对命运，我不想当强者，我只想当一个有能力也有资本任性的人，失恋的时候我可以坐“飞的”去巴黎买香奈儿的包安慰自己；家人生日时可以办一个隆重的party；结婚时可以去海边来一场浪漫婚礼；看见街头乞讨的儿童我能够帮他一把。我想要完成的梦想与野心太多了，我没时间去抱怨，去问生活“凭什么”，我只有咬紧牙关，抓住每一分每一秒去为理想中的生活努力。

当然了，换个思维想想，如果不去努力，我只能被动接受命运的安排；如果我不努力，我不敢把生活过成自己喜欢的样子；如果我不努力，我的下一代会过得困苦，我不敢生病，不敢参加同学聚会，更不敢把买房作为愿望。

相信你的身边也会有这样的人，大学毕业一两年仍旧碌碌无为，仍旧抱怨着其他同学的高薪与优越生活。因为那些人愿意拿着死工资过庸碌的生活，上班时间聊天逛淘宝，下班后打麻将。你说身边的牛人都有背景，你拼不过别人，所以不想自讨苦吃。其实，你这是自卑又狂妄，不思进取，还死要面子。

也有些人觉得自己就算努力了，也可能还是现在这样糟糕的样子，倒不如每天躺着玩手机，看看剧听听歌打打游戏，嚼着口香糖吹着口哨，多惬意，多轻松，不像你那么劳累奔波。但是，你若不努力，就一直都会是这个样子啊，而努力了你至少有一半的机会改变现状，跳出当下你不满意的环境。

你说你想考985、211大学，于是你把高中三年的书都整理了出来，看了一个晚上后，第二天看到那么多书又害怕了，所以放弃了。

你说你想考研，于是你加入了各种考研群组，下载了很多考研类APP，只可惜三天打鱼两天晒网。你说考研大军人太多了，个子瘦小的你挤不赢别人。

你说你不想当一个平凡人，想改变糟糕的现状，于是你买了很多鸡汤书，搜罗了很多让你读了正能量满满的句子，然而你都只是看，却没有结合实际列计划，更没有行动。

那些觉得“不努力会很舒服”甚至也能够照样过着“岁月静好”生活的人，可能忘记了这样一个道理，无论你想把生活过成大气磅礴的“动作片”，还是归隐田园的古装剧，这些都需要有资本。

你有了资本，才会有自由选择生活模式的机会，那时你既可以让生活过得丰盛热闹些，也可以把生活过得如“采菊东篱”般清闲。如果你不努力，就没有资本与底气去选择生活的模式，只能一直活在别人给你什么你就吃什么的局限里，永远无法看见生活更精彩的一面。

努力不一定会成功，但不努力一定不会有改变。当你放弃了努力，认为不努力很舒服时，你就已经被生活打败了。努力从来都不是轻松的一件事，相反，努力的过程会比较吃力。那为什么努力的人还要努力？因为只有努力奋斗，才有资本去实现自己的野心，去满足心中的愿望，才会比过去活得更好一些。

你不去争，不去拼，就不会有你的世界

快放暑假了，小姑跟我念叨着表妹也快从武汉回来了。和小姑聊天时，我说现在的表妹变化真大，看见她朋友圈晒的自拍照瘦了许多。

小姑听完我这样说，又立马摆出一副怨天怨地的样子说表妹不争气，如果当初努力一点儿，就不会到现在这个“烂学校”读书；如果懂事早一点儿，就不会到现在才知道要减肥变漂亮。

听见小姑总是这样抱怨，我不知道该说些什么，但我知道，表妹在我眼里，已经从高中时代的那个“傻不拉几”的小女孩，成长为现在的大姑娘了。

高中时期的表妹确实是一个“傻不拉几”的姑娘，读高三了还沉迷于动漫，不关心新闻倒是关心喜羊羊与灰太狼的搞笑生活。同时，表妹还喜欢买一些小布偶，问她为什么，她说觉得好看。

表妹总是沉迷于这些看起来很“幼稚”的东西上，惹得小姑好几次都大发雷霆。家人也不好多说表妹“幼稚”，只是说她童心未泯，希望她多关注关注自己的学习，少关注动画片与动漫书。只是这些道理对于表妹而言统统没有用，在她的观念里，那就是天塌下来了再说。

学校举行“一模”时，表妹没考好，这让小姑很生气，她气急败坏地把表妹的动漫书全部卖废品了。小姑原本以为这样做可以让表妹意识到高考的重要性，谁知道，表妹反而觉得小姑大惊小怪，不就是高考嘛，“三百六十行，行行出状元”，不一定非要考大学。

听见表妹这样说，我也很生气。我说三百六十行中的确会出状元，但前提是别人够拼够努力，你呢，什么都没付出也没努力学习，就你这吊儿郎当的样子，就算你想当漫画家，你也画不出什么名堂，因为你起步晚、平台低、实力弱！

表妹听我说完后，没作声。这时候，家人们轮番批评表妹，说表妹太天真了，一点都不懂事，也不知道社会的残酷性，毕竟专科文凭与本科文凭还是有很大的区别的，至少投简历找工作时，不会因为别人要求的“全日制本科学历”而失落。

经过亲戚们的教育，表妹有所醒悟，开始很努力地去学习，备战高考。最后，她虽然没能考上名牌大学，但至少她努力过，在努力的过程里她也慢慢领悟到了世界的残酷与社会的艰难。

你想要的一切，只有拼尽全力才能获取，没有让你白吃白喝的东西，如果有，也是别人赊账给你，你以后照样得还！你说你口才好，将来找工作没问题，不好意思，比你口才好、学历高的人一抓一大把；你说你大学得到的证书多，将来找工作没问题，不好意思，别人的证书都是专业资格证，而不是像你只是某某活动荣誉证书。比起总拿“不争，也有自己的世界”这样的话来骗自己，掩饰自己碌碌无为与不努力不求上进的样子，倒不如咬紧牙关去争一回，因为你不争不奋斗，你想要的生活真的不会有。

现在的表妹读大学了，与高中相比，此时的她更成熟懂事，至少，她的理想是将来工作之余还能开一家花店，周末坐在花店里悠闲地看漫画。表妹有时候会和我聊一些她看见的社会新闻，以及在大学里取得的成绩。她说虽然有点后悔当初不努力，但毕竟过去的都过去了，后悔也没用，努力才是此时此刻最有用的法则，她要为自己理想中的生活而奋斗。

对啊，努力才是你战胜困难与不公平的武器，当你没有漂亮的脸蛋、雄厚的背景、百万资产时，就不要盼望天上会掉馅饼，眼巴巴地等着这块馅饼砸在你头上。不好意思，即使砸也要砸在有准备的人头上。你看看牛顿，如果他没有坐在树下思考，就算苹果砸在他头上，他也不会发现万有引力，但正因为思考了，付出过了，他才得到了这样惊人的收获。

有段时间，我坚持早起去跑步，目的是锻炼身体，毕竟像我这种长期坐在电脑前的人，非常需要有健康的身体、更好的状态进行文字工作。

刚开始时，我坚持了五天，那五天里我定闹钟督促自己6点30分起床，然后就去家附近的公园跑步。因为才开始，我信心满满，一边跑步一边想着等我练出肌肉后帅气的样子。在晨跑的路上，我也碰见过好几个和我一样早起跑步的人，有大学生，也有上班族，还有五十多岁的大叔。

可惜就在坚持了五天后，感觉以后每天都要早上6点30分起床好难啊，不如改成7点起床吧。于是呢，又把闹钟设置到了7点，等7点闹钟响了后，又嫌太累了，不如睡觉舒服，于是就继续睡觉，没有坚持去跑步。

逛微博时，看见许多健身博主都在晒自己的每日健身计划与饮食，瞬间感慨“哇噻，他们好厉害呀，好羡慕他们把身材练得那么棒”，再照照镜子里的自己，瘦得像小猴子一样，那么可怜兮兮的。于是，那段时间里一直在挣扎着要不要继续坚持跑步。就这样，时间都拿来纠结了，最后还是没能继续坚持下去。

再到后来，看见朋友圈里的一个时尚博主发的自拍照，又开始羡慕他会拍照片，而且还是穿衣显瘦脱衣有肉的那种。有好几次我都想问他拍的照片为什么那么好看，为什么那么会穿搭，为什么身材练得那么好。最后，我没有把这些为什么说出口，因为我想了想，别人为了有帅气的脸蛋和强壮的身体，肯定在背后默默付出了很多努力，这是他应得的回报。至于我，没有为健身付出过，怎么会有回报呢?

受到刺激后，我再次调整了状态，我对自己说为什么在坚持看书写作方面就那么有毅力，而对于早起跑步就那么困难呢？如果我不去锻炼身体，又怎么会练成自己想要的肌肉呢？如同我坚持了七八年的写作，如果我不去拼、不去争、不去奋斗，又怎么会有现在的收获呢？

后来，我根据自己的现状再次调整了运动计划，把每天早起跑步改成一周跑两次，其他时间可以在家进行相应仰卧起坐、俯卧撑的练习，等到基础牢固了，再去健身房请私教有针对性地训练。

这个世界有时候是残酷的，它不会因为你的眼泪或者经历就怜悯你，给你好运。你想要的好运，只有付出了努力才能得到相应的收获。

我大学里有一个学姐叫蓉蓉，她就是那种相信努力才会有自己世界的人，不信“不争，也有你的世界”这样的话。有时蓉蓉学姐还和我开玩笑说，你不去争当然不会有你的世界，因为世界都是别人的了。

在我的印象里，蓉蓉学姐是那种很拼的女孩子，她在大学里拿到过两次八千块的国家奖学金，其他大大小小的奖励更不在话下。除此之外，她的英语也很棒，某次活动中她去给市长当了翻译，让很多同学都很羡慕。

当然了，蓉蓉学姐之所以那么拼，既是因为她是农村长大的孩子，也是因为她知道不拼搏就要挨打的道理，所以在学习上，她比任何人都相信努力奋斗的意义。她知道自己是女孩子，如果自己不去拼搏不去努力，那么她可能会在沿海城市的某个工厂里做着机械式的工作，又有可能在老家的小村子里洗衣带娃做饭。

蓉蓉学姐是我们学校的传奇人物，关于她的努力奋斗的故事有很多，但每次她给我们分享她的收获时都会重复这样几句话，她说："你想要的一切，只有通过努力才能获得。你年纪轻轻，正是拼劲与冲劲最旺盛的时候，这时，你要去努力，要去争取，要去为自己的梦想打拼，千万别去信不努力也能有自己的世界。你不努力，你得到的世界只是一片贫瘠与荒凉。"于是，自此以后，我总是记得用蓉蓉学姐说的这几句话来勉励自己。

请你不要再拿"不争，也有自己的世界"这样的话来掩饰自己的懒惰、不努力与不思进取了。天上不会掉馅饼，你想要的生活、你想完成的梦想、你想抵达的远方，只有靠你此时此刻的奋斗才能获得。

记住，你现在过的每一分、每一秒都是在为你将来的成功打基础，所以，你要去拼、要去争、要去奋斗，才能迎来自己的广阔天地。

光谈梦想不行动，这和空想有什么区别

大熊是我2015年在某次活动中认识的一个读者，目前他在北京的一所大学读书。当初，他拼了命备战高考，就是想去梦寐以求的北京读大学。他告诉家人无论如何都要去北京读书，因为在北京有更大的机会实现自己的梦想，在北京也没人嘲笑他的梦想与他的幼稚。

二十岁出头的年轻人浑身充满了拼劲，大熊也是如此。刚去北京读书时，大熊非常兴奋，频繁跟家人、同学聊起自己在北京的生活与所见所闻。他时常想着自己终于可以在北京这样的城市大展身手，也能遇见伯乐相中自己的漫画作品。对，大熊喜欢画漫画，我看过他的作品，轻松嬉皮，还

带有一点颠覆性的元素。

能够在北京上大学，大熊感到幸运，所以他珍惜这份幸运，也没有辜负父母寄予他的厚望。他在学习上努力，也踏踏实实地为漫画梦想而努力，可总是做不出什么成绩。

大熊告诉我，他的梦想也不一定非得当个漫画家，靠作品吃饭。他知道宏伟的梦想是激励自己前进的导航牌，让自己不要浪费时光。他的中短期目标就是自己的漫画作品可以发表在杂志上，或者在给网络上的一些漫画平台投稿时可以得到别人的转发。

对于大熊清晰的目标我很赞同，我说你有目标是好事，为什么还在纠结呢？他说自己目标虽然清晰，但不敢去尝试，因为害怕梦想破灭，害怕别人在背后说他去了北京读书也不过如此而已。

有时候，大熊会把自己的漫画作品发给我看，我说很不错啊，要不要我在微博上给你转发一下。他说还是不要了，因为自己没有别人画得好，就不出丑了。每当我听见他说这样的丧气话时，我都为他感到无奈，有梦想却不敢大胆尝试、大胆展现，只是困在自己的小圈子里自己欣赏，这还叫梦想吗？

在实现梦想的路上，本来就会有各种不同的声音出现在你的耳边，你要做的不是花时间去听这些声音，而是专心致志地继续做好你该做的事，全力以赴地去完成自己的梦想。就像大熊，他的梦想是让自己的漫画作品得到别人的认可，但他仅仅只是把自己的漫画作品发给家人与同学看，不敢发在网上，更不敢给杂志投稿，怕画得不够好，那你要梦想做什么？患得患失的样子倒不如别拥有梦想，还落得个轻松自在！

我对大熊说过，既然你有目标，知道要给漫画杂志投稿，为什么不敢去做呢？他总是告诉我说，比他优秀的人很多，他觉得自己太弱了，简直就是微不足道，他不敢为梦想迈出第一步。如果你说你因为害怕失败、害怕别人的意见而不敢去为自己的梦想努力，那么，你要梦想干什么呢？当摆设吗？或者让别人知道你是一个空有梦想却不行动的弱者吗？

你总是把梦想规划得很细致、很周详，却又不敢迈出第一步去实现，这叫做梦，不叫梦想。

一个人有了梦想却不行动，这还叫梦想吗？这纯粹是空想！好比大熊，在北京这样一个平台大、机会多的城市，他还担心自己的梦想被别人嘲笑，我只能说他根本不配拥有梦想，因为他没有努力去实现梦想啊。梦想不是靠你说说而已，梦想是要你去做，要你去展示出来，更不要害怕失败，你畏畏缩缩的样子反而会让人嘲笑你是一条不敢去实现梦想的咸鱼！

大熊说，他有一个室友KK，是那种在人群背后默默努力的人。当大熊还在担心自己的付出得不到收获时，他的室友已经从健身房虐完自己回来了，并且准备去图书馆看书；当大熊还在想着应该怎样才能实现自己的梦想时，他的室友又不动声色地准备去参加健身教练的考试。总而言之，当大熊还在为梦想纠结的时候，他的室友KK已经付出行动为梦想努力了，这也就是所谓的“当你还在考虑时，别人尽管去做，其他的让时间来检验”。

又过了很久，大熊再次和我提起他的室友KK，说他简直就是“拼命三郎”，平时看他总是忙着健身运动，怎么突然一下子就拿到了院级奖学金，这让大熊感到不可思议。同时，他又羡慕嫉妒加一点点恨，不是恨别人，是恨自己为什么不像别人一样，想到就能做到，而是总担心自己做不好，担心遇见阻碍，影响自己的能力发挥。

你只看得见人家吃肉，没看见别人挨打，你只看得见别人的成绩，没看见别人背后付出的汗水与辛苦。面对梦想，我们很多人都有一个毛病，那就是还没拼尽全力去做，就开始担心梦想会不会实现，更担心会失败甚至屡战屡败。

想要改变生活，想要出人头地，想要去散发自己的小小光芒，不能仅仅只靠梦想就以为能够过上自己想要的生活，毕竟梦想也有势单力薄的时候啊，还得需要你说做就做的行动与坚持。

我们耗费了很多时间去构思自己的梦想，然后又再幻想着自己将来实现梦想后会过上无比丰富美好的生活；幻想着将来的自己能够成为大人物，买得起心仪已久的物品，也去得了想去的地方，还有一个同样优秀美好的伴侣陪自己过细水长流的生活。我只能说，你的这些不是梦想，只是幻想，你把时间都用来幻想着梦想实现后的生活，那么请问，你准备多久后迈出你的第一步，去为梦想努力呢？

总有人花费很多时间去编织自己的梦想，构思自己的梦想，到头来还是一事无成，因为他根本没有去行动啊，光坐在家里凭空幻想，梦想又怎么会变成现实呢？为什么你有白日做梦的勇气，却没有实现梦想的骨气。

有人说想当一名作家，可是他只是看书，没有动笔写过文章；有人说想考心理咨询师资格证，可是他只是构想，没有报培训班去付出；有人说大学毕业后想做一名老师，可是他只是想做，没有先从考教师资格证做起。你鼓励他们踏出第一步，他们却丧气地说算了吧，知道自己几斤几两，竞争那么激烈，肯定比不赢别人。于是，他们又颓废着抱怨为什么老天爷不公平，为什么自己不能够散发光芒。

时常有一些读者朋友问我是怎么实现写作梦想的，说真的，我也不知道当初这样没事写文章就能得到现在的收获，我只是把作家梦想当成是鼓励我一直看书写作奋发的动力。在生活里靠着自己一点一滴的坚持，在上学路上、公交车上以及出门旅游、睡前看书时，只要想到什么我都会随时把这些感悟记录下来，慢慢地，通过这些小小的感悟扩展成一篇篇文章，再到网络上找到适合自己发展的平台去展现自己，没想到现在真的成了一名青年作家。

如果说我在实现写作梦想的路途上用了什么窍门或者走了什么捷径，那就是找到适合自己努力的方法，以及每一天的行动与坚持。当初别人问我的梦想是什么时，我说希望自己写的文章有一天能够在杂志上发表。我话还没说完，他们就哈哈大笑，说就我这样一个学历低、没才华的穷小子还想当作家，别做梦了。

因为别人说的这句话，我难过了很长一段时间，我怀疑自己把看书写文章当成特长是错误的选择，也许奋不顾身努力到最后可能实现不了梦想。但后来想着，就算最后没能实现梦想，至少在这个过程里，我也养成了看书写作的好习惯。于是，我没再胡思乱想，我尽管努力，其他的交给时间来检验。

曾经的我自卑、穷困、软弱，但因为选择了一条非常适合自己发展的道路——写作，再加上自己默默地坚持与努力，才有了此时此刻的收获。如果当初的我因为别人的嘲笑挖苦而不去行动，只是看书没有去写文章练笔，那么我顶多就只是一个文学爱好者，不会成为一名青年作家，更不会通过作家梦想的实现给我带来如今的诸多改变。

你有梦想这真的非常了不起，但如果你光有梦想却不去行动，这会让别人看不起。所以，下次和我谈梦想前，请先去行动先去努力，然后再来和我谈你的梦想被别人嘲笑了。

与其炫耀很拼命，
不如先搞定一个目标

最近正是大学毕业季，很多人都在忙着找工作，许莹也不例外，她也和大多数的应届毕业生一样忙得热火朝天。我问她找到工作没，看她每天都在朋友圈晒正能量语录、自己面试的经历，还有她要完成的目标，也“燃”到我了，我说我得向你学习。

许莹发了好几条语音过来，她说没时间和我讲太多，此时此刻的她正在一家公司等面试呢，晚上再发信息找我聊。于是，我没再回信息问她，等着她晚上找我探讨人生。

在我的印象里，许莹不仅仅是那种目标清晰、计划多，同时也是个很拼的女生。她不像其他女生踩着高跟鞋会叫苦连天，她是那种踩着高跟鞋也能走得铿锵有力的女生，也是那种妆可花、发型可以乱，但绝不会认输喊痛的“女汉子”。

她是我的学妹，平日里的她活得很带劲。每天早起戴着耳机听英语晨跑，回到宿舍做健身操，中午去图书馆看书、写作，下午背单词练口语，吃了晚饭后准时守在学校大屏幕下看《新闻联播》，然后又去跑步，再回宿舍写日记、学网络课程，每天准时在11点睡觉。总之，在旁人看来，许莹的每一天都很忙碌，她也把每一天的时间都安排得稳稳当当，完全就是那种计划周详的姑娘。

起初，看见她每天晒自己的计划与目标，我都为她感到骄傲，因为她能清楚地知道自己未来的发展方向以及这一周要做的事项，这一点在大学生里很是难得。时间久了，我才觉得她这种风风火火的努力，有点像是在告诉别人我今天做了什么事，但并没有真正地为列出的目标去努力。

我观察了她很长一段时间，发现她很喜欢晒自己的努力，很少晒自己的成绩，同时，她也总是说自己很忙，却没见她忙出什么所以然来。

刚好这几天她又在忙着面试找工作，便跟我抱怨说为什么自己那么努力做好面试准备，却没有拿到用人单位的

offer。她发微信语音过来，略带哭腔地和我说："你知道我有多努力吗？为什么我那么拼命地努力还是没能获得自己想要的呢？"

我没有安慰她，只是告诉她实话："刚开始看见你发的那些朋友圈，真的觉得你很努力。时间久了，发现你将自己的计划与安排在微博、QQ空间同步晒出，给人的感觉就像是展览给别人看。实际上呢，最终就是为了获得别人的赞叹说'哇，这个女生好厉害好努力啊，我要向她学习'。其实只有你自己知道你是在瞎忙，因为你都在忙着做事情，却没人看见你发过自己得到的收获。"

我这样说完后，许莹仍旧辩解，她说她到处参加面试就是为了累积面试经验，顺便也为自己多准备几条后路，谁知道竟然面试的公司都没打电话叫她去复试。我还是告诉她那句话，你只是在向别人炫耀你的努力，却未曾真正为找工作，甚至为梦想努力过。

如果你真的想找一家合适的公司，你要做的不是拿鸡汤文鼓励自己到处参加面试，累积经验，你应该多在百度上搜索你要做的工作岗位，看看该岗位的要求有哪些，再有针对性地训练用人单位需要的技能，然后再到微博去找找公司的"蛛丝马迹"，这样，你才能更加清楚公司需要的是哪类人才。

后来好几天里，许莹没再联系我，我翻她朋友圈时，发现她悄悄删掉了很多展示给别人看自己努力的动态。正当我纳闷时，她打电话约我出去吃饭。在饭馆吃饭时，她和我敞开胸怀聊天，她说她找到工作了，在一家辅导机构当英语老师。这一回，她想踏踏实实地努力，而不是为了让别人觉得自己很拼命很努力，去做一些假装很努力的样子给别人看。

我说你早就应该醒悟了，努力是给自己看的，不是拿给别人看的，尤其是女孩子，别乱给别人看自己的努力，还不害羞呢。再说了，如果努力做给别人看，别人不仅不会给你钱，说不定还会觉得你假正经呢。她哈哈大笑，我也笑了。

相信你的身边也有像我学妹许莹这样的人，恨不得想让全世界知道我最努力、我最拼命、我最用功，结果呢，事倍功半，然后又来抱怨上天为什么不公平，为什么自己耗费了那么多时间精力得到的回报却很少。实际上，仔细想想，他们的努力只经过双手，没经过大脑，更没思考过自己努力的方向以及方式、方法对不对。

有一种人，认为目标与计划很多便是了不起，这类人只是在假装努力。他们热衷于分享自己满满当当的计划与日程表，喜欢转发各种让人热血沸腾的鸡汤文章，却从没看见过他们分享自己得到的收获。时间久了，他们认为努力没用，认为不努力还很轻松，其实，他们根本没有努力过。

如果你还认为每天在微博、朋友圈晒你密集的目标与计划是一种荣耀，那你就太幼稚了。成熟的人都在默不作声地努力，只有半桶水叮当响的人才喜欢炫耀自己很努力很拼命，实际上真正完成的事情没几样。

我身边还有一个朋友阿勇，他做过很多工作，但都是一些苦力活，比如洗碗工、搬砖小哥、理发师、快递小哥、代理等。他曾经很喜欢向别人说自己工作很辛苦，也很拼命，但再苦再累他都不怕，所以值得。时间久了，我就告诉阿勇，别动不动就向别人说自己曾经做过的工作，更不要说自己为生活打拼历经的伤痛，说不定别人会猜想你是因为文凭低才做苦力活，因此而看不起你呢。

阿勇刚开始并不在意，他觉得自己和别人说说自己的奋斗历程没什么可大惊小怪的。直到有一次，我们坐在马路边吃烧烤时，几瓶啤酒下肚，阿勇才一五一十地说了自己心中的困惑。他说他不会再逢人就说自己是很努力也很吃苦了，更不想装出一副“拼命三郎”的样子给别人看，他觉得自己是为了“秀努力”给别人看，而不是真正地为自己想要的生活而努力。

仔细想想，有时候表演给旁人看的努力也是一件好事，它会提醒你学会转弯，告诉你做事不能虚荣更不能莽撞，要分清方向。

真正的努力，不是让别人来给你的努力打分，写个好评，也不是说你列的计划多或者目标多就代表你很厉害，真正厉害的努力，是你能够先搞定此时此刻正在做的事情，然后一步一个脚印全身心地去完成你清单上的目标，这才是会令每个人都敬佩的努力。

读到这儿，我猜你肯定也会联想到自己身边的某某某了吧，他们看起来似乎每天都很忙碌，却没做出过什么惊天动地的事情，到头来连他们自己也不知道自己在忙些什么。

他们热衷于每天在社交网络中晒健身打卡、背单词打卡截图等，却没看见过他们获得过相关资格证书以及奖励。

他们热衷于上课做满满的笔记，下课也坐在课桌上看课外书，却没看见过他们的成绩有多大进步。

他们热衷于熬夜学习，过了凌晨后你便能看见他们发的动态，说为学业熬夜，值了，却没看见过他们最后能考上名牌大学。

他们身上其实也有我们的影子。我们也一样，喜欢跑自习室、图书馆、声乐房，很努力地学习，很努力地练基本功，其实大多数时间我们都用来自拍、PS照片，然后再把照片发微博、朋友圈、QQ空间，一个都不能少，再到网上找一段心灵鸡汤，美其名曰说为了梦想，我拼了。结果，你真正用来学习的时间也就半个小时而已。

朋友，如果你总是喜欢在社交软件上炫耀自己很努力，你可能忽略了你的竞争对手正在悄悄地努力，他比你更拼命。你炫耀着自己很拼命很努力地做一件事，也在意别人对你努力样子的看法，但事实上，那些从不炫耀自己多么拼命的人，更容易获得成功，因为他们脚踏实地，只全心全意做好手中正在做的事情。

别总是幻想着如何编辑看起来我很努力的文字与配图发朋友圈，然后赢来一帮好友的点赞与赞美声。现在的你缺的不是光闪闪、牛哄哄的大目标，而是如何达成第一个目标而已。

年轻时的穷不可怕，怕的是穷得心安理得

凌晨12点，朋友滔滔打来电话吵醒了我的美梦。他说自己心情不好，和哥们儿在外面喝酒，叫我去喝一杯。没办法，为了故事素材，我索性豁出去了。

三两杯白酒下肚，滔滔就醉了，他一个劲地道歉说这么晚了叫我出来喝酒真不好意思，他这样一说我就猜到情况不对，估计会向我借钱。因为通常情况下我都有预感，只要有人向我借钱时，他们总是说话吞吞吐吐，讲不出重点，只一个劲先道歉然后再谈借钱。果不其然，滔滔被我猜中了，他说他准备回老家，但是车费钱用完了，加上又没找到工作，所以只好向我借钱。

对于这种情况我已经见惯了，因为在这之前滔滔两次向我借钱，都说拿钱找工作，结果用完了。虽然钱最后还上了，但他后来向我借钱我都不借，某次他向我借钱时我索性回绝说“救急不救穷”。

这一回，滔滔说他准备回老家看看有没有同乡愿意去大城市打工挣钱，学一门技术，他告诉我这次他会好好工作，要存钱，更不会任性辞职了，毕竟他交了一个女朋友。滔滔女友也给他说了很多道理，然而他是那种三分钟热度的人，当时热血沸腾订计划，在网上读一些励志句子，过几天后，就忘记了目标，一心只想着玩游戏。

说起来，滔滔来自农村，家庭条件不好，他能意识到贫穷带给自己的伤害，却没能意识到人穷了就得努力的道理。他说因为自己左脚受过伤，所以找工作比较麻烦，找工作时接二连三的碰壁让他灰心了，他会厌恶自己曾经的不懂事，也会抱怨自己家庭条件不好又只有初中文凭，如果光靠努力与奋斗就想改变命运，这比登天还难，倒不如得过且过。

靠努力就想完完全全改写命运，让自己脱胎换骨的确会很难，但是努力让今天的自己比过去的自己过得好一些却一点儿都不难啊。也许你今天的努力、明天的努力、半个月的努力都没有收获，但你一心只想着外在的收获，未曾想过你在努力过程中修炼的内在收获，比如人格魅力以及对梦想执着、奋发的心。更何况，只要坚持不懈地努力，你也会得到一些很小的收获，这些收获看起来不起眼，但一点一滴地累积起来也了不起。

你呀，自己没什么本事，还想着一飞冲天，或者等着天上掉馅饼，天上才不会给那些既没准备也不努力的人掉馅饼吃呢！老天爷只会在你最悲催的时候给你来一场倾盆大雨，外加闪电雷鸣，告诉你人穷就要受欺负的道理。

面对生活，你不是没办法改变自己、改变生活，你就是懒，就是习惯了安于现状，习惯了今朝有酒今朝醉，明日愁来明日愁的状态。穷根本不是你不上进的理由，你只是愿意屈服，愿意接受命运的安排而已。

滔滔的确有很努力地去改变过自己，但他那种努力的热情只是三两分钟，过不了几天又会沉迷于看剧、打游戏、撩妹子的状态中，又完全忘记了自己此时此刻是一个一无所有的人。

曾经的滔滔做过很多零碎且没有什么技术含量的工作，比如酒吧服务员、网吧服务员、传单派发员、洗头小哥等，反正每个工作的时间都不长。你肯定会问为什么，因为他文凭低，再加上他自己贪玩，只要有朋友叫他去玩，他都会耽搁工作，最后被老板开除。

我有和滔滔说过让他去学一门技术，比如美发或者烘焙甚至学厨师，但他都以长时间站立会导致脚痛而选择放弃，最后选择在家里无所事事地看看剧、玩玩游戏。过不了几天，又会发信息告诉我自己很迷茫，很讨厌自己目前穷困的状态，想去认认真真地努力改变自己，但又不知道该做什么工作，该怎样做才能把自己变得更好一些。

我能理解滔滔这种矛盾的心理，但他三分钟热度以及宁愿安于贫穷的心让我很无奈。我给他说了很多道理，甚至帮他在求职网站找工作，他都会以工资低、工作累为借口拒绝了。我也是很生气，我骂过他自己什么都没有就不要嫌这嫌那，先做好第一份工作存一些钱，提高一些本领，然后再跳槽换工作。他听了后说知道。

没过几天我又问他上班了吗，他回复说还在找工作，然后翻了翻他的QQ空间，居然还发了一些“只要转发72小时会有好运”“转发这条锦鲤明天你就能实现心愿”。我也无语了，转发这些有用吗？他的生活还是没什么改变，他还是没找到工作，还是没有赚很多钱给女友以安稳的未来啊。

印象深刻的还有一次，滔滔屁颠屁颠地跑来问我，女孩子是不是都喜欢钱，都很现实？他说他和女友因为钱这件事情吵架了，他搞不懂为什么现在的女孩子都那么物质，虽然自己什么都没有，但足够爱她啊。

拜托，你这不是爱，你这是在害别人女孩子的未来啊！你什么都没有，又还穷得心安理得，凭什么让女孩子跟着你喝西北风？很多女孩子不是嫌你穷，她们是讨厌你坐在出租屋里玩游戏，身旁的垃圾与烟头丢得到处都是，头发也乱糟糟的，还不忘戴着耳机骂游戏里的人是尿货，却不低头看看自己所处的环境，更不愿意照照镜子看看自己一事无成的样子。

女孩子们可以跟着你一起奋斗、一起同甘共苦，就怕一些男人身上穷得有戾气，认为自己的不好都是由环境造成的，抱怨不公平，而自己从不努力。还有些男孩子总爱叫嚣着现在女孩子对他爱答不理，以后让女孩子高攀不起。嗯，广大的男性同胞们有这志气很好，可就怕你根本不努力、不去改变，结果还是一副穷酸样。

如果你不努力，你的情敌会抢走你的女朋友，你女朋友的前男友会讽刺她过得不好，你女朋友的闺密会飞到巴厘岛度蜜月向她炫耀。这时候，你就不要怨恨为什么女孩子变心比变脸还快，不是女孩子不爱你，只是她们不愿意跟着一个既穷困又不懂上进的窝囊废过日子。

我也经历过一段贫穷的日子，甚至现在依旧穷着，但与过去相比，现在的状况改变了很多。我父亲在我十岁时去世，我拼不了爹，也没有背景，我只能拼自己。

曾经，穷让我自卑，让我不敢和同学说起家里的状况，也不敢买超过200块以上的衣服。也因为穷，让我知道人穷只能被动接受命运的安排，我忍受不了那种生活。所以，我咬紧牙关努力改变自己，一心想着只要今天的自己比昨天的自己进步些，这也是了不起的。通过自己一步步奋斗，我买了新房，明年就要和母亲搬离这老式的居民楼了，母亲也不用在走廊上做饭，不用继续住在夏天潮湿、光线不足的环境里了。

有时候我真的无法理解那种为什么自己什么都没有，却还喜欢安慰自己穷得平淡是知足常乐，穷得平凡是可贵，甚至以此安慰自己说这是处世之道。听完后我恨不得扇他几耳光，你年纪轻轻、二十出头，居然还穷得心安理得，穷得岁月静好，穷得与世无争。你有理了？要不要给你的事迹来一次巡回演讲？

血气方刚的年轻人不去奋斗，爱以穷为理由说自己追求安贫乐道的精神，麻烦你先写出一本惊世骇俗的思想论，再来谈安贫乐道，否则你所谓的“安贫乐道”只是掩饰你的不求上进、一无是处而已。现在这个时代和我们父母们那一辈的时代不同，现在信息技术发达，就业机会也多，年轻人只要愿意学习，愿意刻苦努力，自己的付出还是能得到相应的收获的，还是会比曾经的自己好很多。

二十出头的穷恰好能激励你去奋斗、去改变，而不是去谈什么与世无争。别总说社会太残酷、太现实，让你受到了一万点伤害，你只想寻求稳定，但稳定的前提也是得有钱啊！所谓的岁月静好不是住在漏雨的茅草屋里就以为自己是世外高人，岁月静好的前提是有钱，是住在明亮的房子里不愁吃穿，看看书、写写毛笔字，不闻窗外事。你想追寻稳定没错，但有钱才能让你过自由自在、稳定的生活，没钱就只能是稳定地继续过以前那样贫穷的日子。

年轻时是一个人最好增值时期，岁月与恋人可以忍受你年轻时的穷，但不能忍受你一辈子的穷。你二十出头，正有大把时间、精力、激情去拼、去努力、去改变，不用去羡慕那些三四十岁的人的成功。你要相信，你此时此刻的努力也是在给自己三四十岁后的生活累积资本。

失败后不总结经验，只会继续失败

读者瑶瑶告诉我，她考英语六级再次失败了，有一种天塌下来也没人给她撑住的感觉。瑶瑶不是英语专业的学生，但她英语很好，于是想着多考一门证书，将来大学毕业后，也会多一条找工作的路径。

瑶瑶目前在安徽的某所大学读书，她说自己长得不漂亮还来自农村，原本以为在大学里只要多努力多拼搏就能得到成功。谁知道她做十件事情有六件失败。幸好瑶瑶也不是那种天生悲观的人，她性格蛮乐观的，失败在她眼中就是大不了换个姿势再来一次。于是，寝室里的姐妹们都给瑶瑶取了一个外号叫“不怕失败的女斗士”。

寝室里的姐妹们之所以给她取这样的外号，全是因为瑶瑶面对失败不仅乐观，还越挫越勇。她考教师资格证差几分过线，同学安慰她别灰心，下次考一定会过，瑶瑶也说自己根本没灰心，她会继续向前冲，直到考过；学校举行运动会时，她参加了长跑项目，结果呢，还是没能获奖，但没关系啊，她依旧鼓励自己下次一定会拿奖；给暗恋已久的篮球男神表白，结果遭到了拒绝，她不但没因此而伤心，反而立下目标下次一定会感动对方。

天哪，听见瑶瑶这样说自己的经历，我差点想买块豆腐撞了，怎么会有不懂转弯的女生啊！容我想想，失败后你站起来拍拍灰尘而不总结经验，你是想继续失败吗？

大多数人根本没有意识到这一点，总是认为失败后要做的第一件事就是爬起来继续向前冲。傻瓜才闷头向前冲，聪明人都知道在原地一边休息补充体力，一边思考着自己失败的原因，如果再次出发我应该怎么做才能避免失败，从而最大限度地接近成功。

我思来想去，不知道该如何安慰小姑娘脆弱的心，因为与她相隔好几个城市，不能给她拥抱也不能给她肩膀依靠，那我只能骂醒她喽。我说了好多狠话，瑶瑶自己听完后也有所醒悟，她说起初给我说她失败后继续顽强奋斗的故事，是想得到我的夸奖，让我表扬她这种不怕失败、敢于失败的精神，谁知道我非但没夸奖她，反而骂她活该，她这才慢慢意识到自己的这种想法，可能真的有问题。

你看吧，如果瑶瑶没有想明白这一点，那么她考试可能会继续失败，因为她没有想过自己考试是在什么题型方面出错率大，有哪些知识补充得不够，要怎样做才能更好地提升自己，争取下一次考试通过。至于追男神会失败，因为她没有想过，别人也许压根就不喜欢她这种类型的女生，如果她继续把时间与心力耗费在男神身上，错过了对的人到来，说不定还会落得个“花痴”称号让别人看笑话。

面对失败，如果你输了不总结经验、不思考是什么原因，只是告诉别人我不怕输，我继续向前冲，那么没人觉得你这样做很了不起，相反在对手眼里，你的这种行为完全很傻，再次把机会让给了你的竞争对手。

经过那次和瑶瑶的聊天之后，瑶瑶又找我随意聊了聊，她说她不会再去做那样有勇无谋的人了，今后她做任何事情，如果失败了，她不会马上爬起来又向前冲，而是先想想下次出发要怎样做才能避免再次失败。

过来人总喜欢用电视剧里的港台腔假正经地说：“哎呀，小朋友啦，你做一件事情第一次没做成功，那就多试几次啦，总会成功的啦。”我想说的是，这样的“过来人”是在残害别人，万一别人不适合走这条路，你一直叫别人去试，这不是耽搁别人的前途嘛！再说了，你不过大脑就去试，万一百试百输又咋办？我觉得你欠缺的不是拼劲，而是分析问题的思维方式。

失败后懂得找方法的坚持叫聪明，不懂得找方法的坚持叫不撞南墙不回头的死脑筋。

失败并不可怕，可怕的是你还相信失败后站起来继续努力就能成功，这时候如果你继续努力往前走，尽管你做得很好，但你还会失败，因为你不懂得思考，这也证明了你的能力不足。所以，失败后要做的第一件事不是一个劲地向前跑，而是先学会总结经验，思考自己为什么会失败，自己能从中得到怎样的教训，这些教训会帮助自己将来如何避免再次出现错误。

如果你不懂得思考，不去总结经验，那么你失败后再次去奔跑还会照样跌倒、照样失败。这就如同你明明不擅长绘画，别人说你只要努力就有机会成为很牛的漫画家，于是你一直努力、一直失败，然后告诉自己不要害怕失败，大不了从头再来。拜托，你根本不适合绘画，也没有天赋，就不要在这上面浪费时间了。失败后，你要总结经验，与其去做自己不擅长的事，不如在自己擅长的技能方面散发光芒。

我身边有一个高中同学小豆豆，她就是那种始终相信“失败了大不了从头再来”的人。上次我问她考公务员成绩如何，她说“大不了从头再来”我就知道，她肯定没考过。我问她分数是多少，她也没说，就只说“英雄莫问出处”。听见她这样说我很无语，她还没当上英雄呢，为什么弄得神秘兮兮的？我就是想知道她的分数是多少，然后给她做个对比分析，看与上次的成绩有多大的区别，谁知道她却没和我说。

这几天，小豆豆又在准备着事业单位的考试，这已经是小豆豆第四次参加事业单位招考失败了，但她不怕失败呀，毕竟她相信“大不了从头再来”。目前的小豆豆一边上班一边备考，工作不忙时，她把时间都用来看书复习做准备。

小豆豆之所以想考事业单位，是因为她家庭情况不好，她也不想一辈子给别人打工，她想有一份稳定的工作让父母少为自己操心。可是呢，小豆豆每次参加这些招考，都只是还差一点点就进面试了。我有问过小豆豆是什么原因导致她考试总失败，小豆豆说可能工作与考试不能同时兼顾，但她不怕，因为“失败了大不了从头再来”。

你有没有想过，就算你掰着手指、脚趾来数，人生也没有无限的“从头再来”让你去重新开始，青春不等人，等人的也不叫青春，叫老去。

我提醒过小豆豆，我对她说过考试失败了要学会总结经验，不要总认为时间多，有机会再去试，否则还是会失败。结果小豆豆说我是咒她失败，她还因此生气过。幸好呢，我们几个朋友都给她说了这个道理，最后她自己醒悟了，她把以前爱说的“失败了大不了从头再来”改成了“如果失败了，总结经验重新来过”。现在的她知道，如果做一件事情失败了，不要盲目出发，而要静下来学会思考总结经验后再出发。

很多人以为失败就只是单纯的失败，比如运气差导致失败，却没有考虑过也有可能是你走错了路、用错了方法，自身条件与目标相差很远，没有及时总结经验，这些都可能导致你失败。

在某些情况下，失败和成功没有半毛钱的关系，与失败有直接关系的便是你自己。你做得不对、路子不对、方法不对、条件不够，这些都是你自身的原因。如果你一切都做对了，获得了成功，这也是与你自己有关，而与所谓的“成功”无关。

为什么那么多人会在失败后继续失败，因为当他们听到身边的人失败时，他们会急急忙忙地问对方为什么会失败，露出母爱般的关心与叮咛，鼓励对方下次继续努力，然后心满意足地离开了，心里想着终于有人和我一样也失败了，哈哈哈哈哈！这种人，没有对别人的失败经验进行思考与总结，更没有想着自己失败的经验与对方有何区别，如何避免，他们想着的只是笑话别人的失败，想着有人陪自己失败，也活该他们继续失败啊！

学会像观察帅哥美女那样，多角度地看待失败，不要只看见失败的正面与负面的意义，要学会分析失败的原因，更要知道失败可以让你看见自身的不足，改善那些做得不好的地方。

主持人白岩松说：“只有既得过很多表扬，也经历过很多挫折的人，才能作为一名合格的毕业生，去面对前程未卜、风险未知的人生旅途。”有的时候，我又希望你感受一回失败，像我这样，经历过几次失败才明白收获的珍贵，更懂得成功不是靠一股子蛮劲向前冲，而是既要靠拼力，也要靠方法、方向与总结经验。

PART 2

当你足够努力，好运就会降临

每个人都会独自扛过一段艰难时期，在这段时期内谁都会有扛不下去的时候。可是，谁不是在独自煎熬的过程中，慢慢地蓄积能量，等着破茧成蝶呢？

别把你的安于现状
当成平淡是真

1

你是这一类人吗？

总是说高考目标是国内重点大学，再不济也得考到省内排名前三的学校。结果因为高考的千军万马与备战高考特别辛苦劳累，你慢慢地降低了目标，只是说“能考上大学就好”。

总是说想学习一项新技能，培养一个新爱好，可是又没有人陪你一起坚持、一起努力，你觉得一个人太孤单了，于是选择放弃。

总是说工作后要有一番作为，结果因为职场的环境与工作的劳累让你习惯于得过且过。

你说你不想和大多数人一样过着碌碌无为的日子，你想大展身手，可是你又没有咬牙坚持的勇气与决心，你想做的事情很多，你的宏图大志也很多，然而你都只是停留于幻想，未曾付出过行动。最后，你还是在玩手机、睡觉、聊天、打游戏这样的顺序中过完一天。

说起来，杨娜就是这样的人，前几天她打电话和我闲聊，她说自己目前的实习太轻松了，要是以后正式工作也这么轻松就好了。她这样说时我只能为她捏一把汗，因为她这种“温水煮青蛙”的想法很有可能会毁掉她的斗志与梦想。

杨娜是我的一个学妹，之前在一家商贸公司实习。由于杨娜形象气质还不错，公司就给她安排了前台岗位，每天的工作内容也只是打打电话、做做登记、发发快递、送送东西、复印文件这些在杨娜眼中“小学生都会做的事”。她搞不懂为什么公司只给她安排了这样的岗位，她觉得自己长得好看、能力也强，完全可以在高端写字楼里做更有技术含量的工作。

于是，总会看见她发朋友圈抱怨别的同学实习都能够得到很好的锻炼，为什么自己的实习生活那么悲催，她是去实习，又不是打杂，反正杨娜心里就是不爽。看见她发这些朋友圈后，我问她你不怕被公司同事或领导发现吗？她说没事，反正很多内容都是“分组可见”。所以，大多数时候我看见杨娜的朋友圈都在抱怨，很少发一些积极的内容。

没过多久，杨娜又发信息给我，她说她准备换一家公司上班，反正都是实习，为什么要拼命去工作呢？追求轻松才是王道。于是，她换到了另外一家大公司实习，这一回，她做的仍旧是文员类的工作，毕竟她的能力也只能做这样的工作。杨娜有一点不甘心，偶尔也跟我抱怨说难不成公司都在欺负她一个新人吗？

没过几天，杨娜找到我说自己想通了。我以为她有所醒悟，谁知道她告诉我，现在的工作比之前的好，毕竟作为实习生工作内容少，也不用加班，每天按时打卡上下班就行，有更多的时间看看剧、逛逛淘宝，很悠闲。她觉得一个女孩子不用那么拼，像她长得也还行，将来毕业也肯定会找到好工作，现在随便实习着打发时间就好了。

我有些哭笑不得，我说当初在朋友圈骂骂咧咧地说工作没挑战性的是你，想要做出成绩的也是你，为何现在安于现状了？杨娜倒是不服气地回答我她这不是安于现状，她是选择平淡是真，她认为女孩子将来终究是要嫁人的，所以干得好不如嫁得好。

在杨娜看来，现在的她只是实习生，就算表现得再努力再拼命也没用，将来的她还是会去大公司上班，她看不上这些普通公司。再说了，她才不想努力工作呢，老板又不会给她涨工资，更不会让她留下来当正式员工，她宁愿活得自由自在，也不要自讨苦吃。

听完杨娜的想法我再次感到无语，都已经是半只脚踏进社会的人了，为什么想法还是那么幼稚呢？你想去大公司工作，能够有大平台让你一展身手，但是你别忘记了，大公司也有门槛要求。如果你在实习期都没有做出什么惊天地泣鬼神的工作成绩，或者你本身没有什么含金量高的资格证书，也没有什么独一无二的本领，光凭一张好看的脸蛋就痴心妄想进入大公司工作，别做梦了，比你漂亮有钱、情商高、能力强又努力的人太多了，你拿什么突出重围呢？

我欣赏平淡是真的活法，但不要以平淡是真来掩盖自己的不努力与碌碌无为。你才二十出头就开始安慰自己人生要过得平淡是真，做人不要跟梦想太较劲，那你这辈子真的完了。

二十几岁风华正茂的年纪本该是你展现自己的时候，为何要用平淡是真来告诉自己人活得平淡一点就好了呢？我认为你这不是平淡是真，你只是给自己一事无成的生活找到了一个十分漂亮的借口。如果你认为20岁应该追求平淡是真，所以现在的你不用拼搏努力，难道要等到四五十岁时为自己的碌碌无为而落泪吗？

你看见那些追求平淡是真的中年人，他们品茶抚琴、吟诗作画、邀友雅集很美好，实际上，他们年轻时也努力奋斗过，才会有现在的风雅，毕竟安于现状也是需要资本的，尤其是要安于不愁吃穿、无忧无虑的现状。

你想想，如果这些人年轻时不努力，又怎么有资本研究茶道、香道、琴棋书画等？别忘记了茶具很贵，茶叶也很贵，很多书画也不便宜呢！如果他们年轻时不努力，又怎么会有现在闲云野鹤的悠闲呢？

2

如果你仍旧觉得安于现状是平淡是真，那我给你说说安于现状的坏处。

当你不求进步时，你会发现你的朋友越来越少，人际关系越来越糟糕，因为追求进步的人都跑在你前面去了，他们只喜欢和自身一样牛的人在一起玩耍，这样才有共同话题，留在你身边的呢，只是和你一样不求进步、喜欢抱怨的人。

当你不求进步时，你会发现你的工资一直都没有涨过，甚至还因为工作做得不够好或者没有完成某个任务被扣工资。此时此刻，你会发现那些工作积极努力的人都领着高工资，甚至比你晚一年进入公司的人现在也当了主管，你还是一个拿着固定工资的小职员。

当你不求进步时，你只能考一所很普通的大学，在普通大学里过普通的生活，因为没有浓厚的学习氛围，大家都得过且过，你也得过且过，浑浑噩噩地毕业了，又找了一份普普通通的工作，过浑浑噩噩的一生。当初你想通过知识改变命运、改变贫穷的面貌，但是，你高中时不努力，或许只能考三流大学甚至三流专科学校，这会影响你以后的路，会比别人走得更吃力更辛苦，别人花半年就能得到的成果，你得花上两三年。

当你不求进步时，你没有资本与条件去抓牢你的爱情，你的男神或女神会去选择比你更好的人，因为大家不愿意找一个整天就只是抱怨、不爱努力也不求上进的人，而都愿意跟着一个积极、努力、温暖的人过一辈子。

你一塌糊涂的时候，没人给你指路，只有人恶意带你走弯路；你一事无成的时候，没人向你伸出援手，只有人伸出一只脚绊倒你；你哭哭啼啼的时候，没人给你拥抱、安慰，老天还会泼冷水奚落你。现实不是偶像剧，拍不好还可以重新再来，现实就是这样，你不逼着自己优秀，它们就会逼着你投降，谁叫你弱，谁叫你好欺负呢。

对自己不敢下狠手的人，最后只会被生活下狠手，因为生活不会心慈手软，只会心狠手辣。

生活不会因为你的安于现状就给你颁发一个“岁月静好”的奖励，也不会因为你的平淡是真就同情你的故事。你越是安于现状，就会输得越惨，因为这是一个不断前进的社会。当社会都在前进，你却喜欢待在原地诵读着安于现状的好处，等到危机真正来临时，就算你哭着求爷爷告奶奶都没人帮你了，因为没人喜欢帮一个不求进步的人。

3

你有没有发现，活到老学到老的新闻案例很多，老人搞研究获国家专利，老人自学拿本科文凭这类新闻比比皆是？老人们都还在为自己喜欢的事情折腾，年纪轻轻的你有什么理由大喊着不努力而甘于平淡。

大家应该知道风靡全球的摩西奶奶吧，她是美国人，也是一个画家，因为喜欢绘画便自学成才，虽然年轻时没有成名，但她靠着自己一步步的坚持与努力最终得到了收获。摩西奶奶的画作在她七十多岁时一举成名，她还举办了个人画展。你看，只要你愿意去努力，任何年龄段都是朝气蓬勃的年龄，只要你努力了，最差的结果无非是大器晚成。

请你记住，你所谓的安于现状、平淡是真，是在暗示在这个世界里你很弱，很容易被欺负，因为你没有能力抵挡外界的欺负，更没有能力去抓紧得到的东西。

年纪轻轻的你，不要以为你现在的不努力、不奋斗是平淡是真。不好意思，你的不努力只会造成你进入中年后没有过平淡是真生活的资本，因为当别人的中年生活过得平淡是真时，你还在为房租、孩子学费钱、养老钱发愁。

大学只是舞台，能否发光还看自己

1

某次，与读者在微信群里闲聊，其中一个叫芊芊的女孩子问我，是不是非要上985、211这类大学，将来毕业之后才好找工作？还没等我说话，群里的其他小伙伴就已经开始给芊芊举例说明了。

大志说他是大专毕业，进了一家房产公司工作，通过自己的努力，照样能够拿到漂亮的业绩，也照样能够得到几万块的奖励；可欣说她现在读的是一所普通师范大学，而且就在她们当地，但她没有自暴自弃，相反，由于可欣学的是教育类专业，她业余时间做家教的收入非常可观。芊芊听完了这些小伙伴的看法，又想听听我的意见。

我告诉芊芊，那些在大学里认真学习的人，青春从来都不会辜负他们，相反，还会给这些努力的人一些小惊喜犒劳他们。一所好的大学影响着这个人的发展，但不能保证他的将来就一定飞黄腾达，如果不去努力不去学习，也照样比不过普通大学的人。既然现在的你读了一所普通大学，就别想太多，能考研就考研，同时也要提升自己的学习能力，扩大自己的知识面。

芊芊在一所三流大学读书，当她每天去图书馆学习、积极参加学校各种活动时，宿舍里的同学会孤立她，也会变着法地嘲讽她说："既然你那么爱努力，干脆请求学校把你们爱学习的人都分配在一个宿舍，这才好呢！""你那么努力，咋还会考进咱们这种鸟不拉屎的大学啊？"室友们说的这些尖酸刻薄的话让芊芊感到难受，她很茫然，不知道自己要不要考研。

因为学校很普通，所以芊芊想考研，而且，她高考也是因为失误才进了现在的大学读书。如果努力一点，芊芊相信自己能够考研成功，因为她看见很多文章里都写道，含金量高的学历找工作的选择多一些，平台也广一些。我赞同芊芊的想法，我也鼓励她加油考研，毕竟这社会也有它残酷无情的一面，能够在学历这块高于别人时，就一定要提升学历。

很多用人单位告诉你学历不重要，一个人的人品与能力以及好的品格才重要，你别太天真，这话纯粹是在逗你玩呢，你可别相信。

如果说学历不重要，那为什么那些大企业、大公司到了每年的毕业季时都挤着去985、211这类的大学招聘呢？为什么那些专科大学以及普通大学都是一些很普通的公司以及工厂在招聘呢？看见了吧，谁说学习不重要，学习重要着呢！

你文凭的含金量高，意味着你不用抱着一沓简历表风里来雨里去地到处投简历，不用看HR的脸色，不用给别人低头哈腰，因为就凭你的高文凭完全能够干掉很多比你文凭低的人，你也可以走“快速通道”进行面试，甚至不用初试，直接由老板决定是否录用。

改变自己很辛苦，不改变却会活得辛苦。

2

朋友的表弟李远今年刚上大学，前几天一起吃饭时他也在，刚见面我差点儿没认出来，因为朋友表弟的变化太大了。

在我的印象里，朋友表弟是一个头发长、穿衣松垮、不修边幅的男孩，关键是还不爱说话。半年多时间没见，现在的他把发型换成了今年流行的大背头，穿衣品位也紧跟潮流，嘴巴变得会说话了，情商也很高。

比如那天吃饭时，大家闲聊着，其中一个女生说话时被另外一个男生看见她牙齿上粘的辣椒，于是，这个男生就直截了当地对女生说你牙齿上有东西。那一瞬间，热闹的场面突然安静了，女生也变得十分尴尬，我见状立马递给女生纸巾。

这时候，朋友的表弟说了一句话帮那个女生解围，他说："你今天穿得太漂亮了，一不小心就用了这种方法来吸引我们全场的目光，太有心机了！"他这样说完后在场所有人都笑了。

事情过后我问李远，我说以前的你看起来傻不拉叽的，现在的你变化怎么这么大。他摸摸脑袋笑着说，多亏读大学时谈了个女朋友，因为他的女朋友和他一样都来自小城市，都有一个不够努力的曾经，现在读了一所普通大学，两人约好一边谈恋爱，一边拼命努力，为将来考研做准备。

于是，为了彻底告别过去的自己，李远开始改变了自己的外在形象，也改变了对大学的看法。他不再天真地认为读哪个大学都一样，而是意识到所读大学不同，层次与眼界也有所不同。

在大学里，李远和他的女朋友把计划排得满满当当，他不像宿舍里的男生那样，见面后的第一句话是“昨天熬夜玩游戏终于升级了”“要不要和我一起逃课去玩”。室友们每天打打游戏、逃逃课、睡睡觉，逗逗妹子这样过一天，他觉得这是在浪费自己的青春。而且，这些人也没有意识到毕业后找工作的残酷竞争。为了将来找到一个好工作，也为了考研，李远在大学里使出浑身解数努力拼搏，就为提高自己的能力，打破非名校毕业的这种局面。

我问过李远，你是如何想到改变自己的呢。他说既是因为找了一个很努力学习的女朋友，也因为他们学校有一个很牛的学长，那种年年拿奖学金、能力很强的男生，刚毕业就被一家央企点名要去了，这让他很羡慕，也让他看见了现实的一面，其他人还在为工作发愁，拼命努力的人却已经得到了回报。

有人说，既然当初你的不努力让你读了一所普通大学，那么你就得认命。如果你真的选择了认命，那你就是给自己断绝了退路。记住，既然你已经走上了读一所普通本科或者专科学校的道路，就别灰心丧气、更别认命，只要你努力，就还有机会走进大公司、大企业工作。

作家村上春树说：“尽管眼下十分艰难，可日后这段经历说不定就会开花结果。”不愿意努力也不愿意改变的你醒醒吧，别去信什么文凭低没关系，将来照样当老板，你看看人家比尔·盖茨、马云、李彦宏、刘强东，不好意思，你举例说的这些人都不是平白无故地成功，他们都是通过日积月累的坚持与资源才获得现在的成绩，而且，他们大部分人的文凭并不低噢。

3

有人找工作时，因为学历低被拒绝了，然后心里很不爽，想着现在的你对我爱搭不理，将来我让你高攀不起，然后，跑去网吧玩游戏去了，全然忘记了之前对自己发过的誓言。你既然想让别人仰视你，那你可曾付出过行动，可曾让自己变得很牛气哄哄、很了不起？你每天只知道一边玩着游戏一边说着大道理，就你这三脚猫的样子，凭什么让别人高攀不起呢？

虽然说一个人成绩的取得与学历没有必然联系，但学历却影响着你的发展，所以你一定要提升你的文凭，因为文凭高工资也会高，公司也会多关照你的个人发展。

告诉你，现在考公务员或者去事业单位，他们对文凭的要求大部分都是研究生以及全日制本科，只有极少部分乡镇单位会招全日制专科，还有会限制条件。因为我自己是专科毕业，我深知找工作的难度，所以我才劝你能提升学历的时候一定要提升学历，目光一定要放长远一些。

我鼓励那些高三的学弟学妹们努力学习，争取将来考一所好的大学，因为好的大学不仅学习氛围好，主要是能够“授人以渔”，一些优秀的人在一起讨论的都是专业技术，能够丰富见识与知识，而且能够听到很多名人大咖的知识讲座。更主要的一点是，读好的大学意味着你已经进入了好企业的招聘范围里，从而少一些将来找工作时的无力感。

那些在一所普通大学读书的学弟学妹们，既然现在的你无法改变环境，那么既来之则安之，你可以趁自己还没有被环境改变之前，好好地重塑自己，你可以学好专业课拿奖学金，可以参加各种活动拓展人脉，可以与老师一起研究课题等，只要你不辜负时间，时间也不会辜负你。

不管现在的你读的大学是好还是坏，我都希望你一定要相信读大学的意义，一定要相信努力奋斗的意义，一定要相信只要你自己愿意改变，一切都不会太晚。因为你所付出的一切都不会辜负你，它们一定会给你回报，即使没有看得见的回报，也会带给你一些看不见的回报，悄悄地润泽你，让你变得越来越优秀、强大。

要么全力以赴打拼，
要么碌碌无为流泪

成长中，我们总会因为自己的诸多不美好而感到自卑，或许因为出身背景，或许因为学历，或许因为长相，但请你相信，那些你所与众不同的地方，恰恰是激励你去努力去奋斗的引爆点；那些遇见的挫折与困难，那些打击你的人，都将成为助你活得坚强勇敢的基石，让你变得强大且坚定。

由于经常在同一家理发店理发，久而久之，我便与经常给我洗头的一位姑娘熟识了。每次去理发需要洗头时，我都会找她，因为她做事情认真细心，而且还能给我说故事。

姑娘名叫夏蕊，年纪比我小，来自我们这儿的农村。

刚开始时，姑娘的话并不多，只是耐心细致地完成工作。所以，每次除非我主动找她聊天，不然，她不会主动和我说话。我问为什么，她说公司有规定，而且，她也因为普通话不标准而自卑。

某一次，夏蕊发信息给我，她说她想和我说说她的故事，因为平时我去理发时，我们都是闲聊，也没有对她有过多的了解。也是从那时起，我才知道了她隐藏在心里的故事。

原来，夏蕊中专毕业以后就去了广州的工厂做工，每天枯燥重复的工作让她感到乏味，她在心里想着，自己能够来到朝思暮想的大城市，如今却在这方寸之地做着机械式的工作，这不是她想要的生活。于是，没过多久，夏蕊与几个同学选择了去上海学习美容美发，毕竟对于农村出身的她而言，有一门手艺才能让自己立于不败之地。

几个人坐着火车来到上海后，大都市的繁华让夏蕊与她的同学感到新鲜，但自身的低学历与普通的样貌以及家庭背景，又让她们感到自卑。那时候，她与同学们一起租住在郊区，租的房子没有独立的卫生间，就连洗澡也得跑去外面的公共浴室。熬过了一段时间后，她们才找到包吃包住的工作，也是从那时起，夏蕊就在心里暗暗告诉自己，再苦再累都要坚持。现实那么残酷，如果不去努力奋斗，迟早会被社会淘汰，迟早会重复父母辈平庸的生活。

在这个世界上，如若没有雄厚的家庭背景与优秀的资源，想要获得成功，就得靠厚积薄发的努力，而不是一步登天走捷径。请你记住，能够安排你命运的不是别人，而是你自己。当你觉得自己不够好，比不赢别人时，请你再努力一点，再坚持一点，因为你离收获已经很近了。

由于夏蕊在美发行业是个新人，所以前期的夏蕊都处于学习阶段。在公司里，夏蕊很努力地学习美容美发专业知识，当宿舍里的人都睡觉了，她也一个人读着从图书馆借来的书籍，因为她的文化程度不高，所以，很多与美容美发相关的知识还要从书本上获取。除了公司里的日常学习与培训外，夏蕊也在业余时间学习化妆技术与跑步减肥，因为她知道美容美发行业是一个形象窗口，只有自己变得漂亮了，才能吸引更多的顾客。

经过一段时间的培训后，夏蕊先从迎宾工作做起，每天都要站在门口微笑着喊“欢迎光临”“谢谢惠顾”。那时候穿高跟鞋站着很辛苦，但夏蕊能吃苦，也不抱怨，每天下班后也是最后一个才走，这给主管留下了好印象，主管愿意带她做事，愿意培养这个努力上进的姑娘。

慢慢地，夏蕊开始给客人洗头、烫染发，跟着美容师学习美容护理。在上海待了些时间后，夏蕊决定回到家乡工作，她认为家乡的发展空间比较大。幸运的是，由于夏蕊表现好，公司便给她推荐了一份工作，这让夏蕊更加相信，只要努力，好运总会发生。

现在的夏蕊除了帮忙给顾客洗头染发外，也在系统学习美容方面的知识。她告诉我，只要去耕耘，就会有回报。况且，她对自己的未来发展充满信心，相信自己只要乐观面对生活，努力工作，将来也能成为主管，在美容美发行业打拼出自己的一片天地。

我也问过夏蕊，有没有那么一瞬间，你觉得生活很艰难，快要扛不下去了。她用笃定的语气回答我说有。她说当家人觉得女孩子做得好不如嫁得好时，当她有两个月拿着微薄的工资时，当有人挖苦她时，她会怀疑自己的选择是否正确，会怀疑自己的坚持是否能够得到收获。无数个怀疑让她不知所措，但她又不想放弃自己的坚持，于是，她就在一边怀疑一边坚持中稳步前进。

人生总是这样，无论生活还是事业，总是一会儿高一会儿低，起起落落是常事，有泪水、挫折、不甘也是常事，关键看你怎样对待。想要让明天的生活变得丰富多彩，就得在今天付出艰辛的努力。世间没有平白而来的幸运，只有一步一个脚印的踏实奋斗。如果有人让你得过且过，千万别这样做，这是别人的馊主意，他们就想看你落魄然后嘲笑你。

与夏蕊一样，姗姗也是一个为生活努力的普通姑娘。目前的姗姗在一家咖啡厅做服务员工作，有时候会很辛苦，但她想着还有很多与她一样平凡普通的人都在为生活打拼，这点苦又算得了什么呢。

姗姗在家中排老二，有一个姐姐和一个弟弟，所以她很懂事，知道生活不易，也知道不努力就得挨饿的道理。所以，每次她感到很累想要放弃对生活的打拼时，她都会咬咬牙告诉自己，既然已经坚持走了那么久，千万不要中途放弃，因为现在的自己比过去的自己已经进步很多了。

过去的姗姗不懂得这些，那时她做着餐馆服务员的工作，每天拿手机看八卦娱乐或者看言情电视剧，也喜欢看没多少营养的玄幻小说。后来，她看着餐馆的另外一个女生自学考了本科后，她才知道改变自己，开始慢慢提升自己。由于她喜欢咖啡，便去咖啡厅上班，以便学习相关知识。

平凡普通的我们，没有谁天生好命，谁不是一边含泪奔跑一边咬牙坚持？谁不是一边跌跌撞撞一边苦中作乐？我们拼不了家庭，但我们可以拼自己。

有时间去背成功学里面的励志语录，不如多背几个英文单词、几首诗词，多丰富几个知识点；有时间感慨名人的事迹，不如多花时间学学口才与说话技巧，默默提升自己；有钱在视频网站充会员，不如去给自己报一个培训班或者办一张健身卡。你只有前期吃得了苦、忍得了痛，才能享受苦尽甘来的美好。当然，当你真正奋斗在路上时，你也要有足够的自控力，既能享受生活，也能为生活努力。

姗姗告诉我，她也有茫然无助的时候，在夜深人静时也会思考自己未来的路该怎么走。对姗姗而言，时间太宝贵，她不会为那些不值得的人和事而伤怀，因为她经历过一段失败的感情，她不会再为不值得的人流泪，她只想先拥有强大的谋生能力，然后再去谋爱。或者，既谋生也谋爱，但不会把爱情当作人生的全部内容。

那么漂亮、独立、温暖的你，千万别为不值得的人流下你矜贵的眼泪。想哭的时候，想想你精心化下的妆容，想想你的口红、眉笔、粉底都那么贵，为一个不珍惜自己、不爱护自己的人哭泣，太不值得。现在的姗姗，正在朝着自己的目标前进，她不去和别人对比，只和过去的自己比进步。因为只要你愿意相信努力奋斗的意义，岁月就一定会眷顾你，好运也会助你一臂之力。

我们都一样，历经过贫穷、磨难、挫折，也有过一段懵懂岁月，幸运的是，现在的我们都成熟了，都在为梦想而努力，为理想中的生活而打拼。二十几岁平凡的我们，谁没有历经过酸甜苦辣呢？不怕你经历过伤痛，就怕你站在原地不肯向前奔跑。

每个人都会独自扛过一段艰难时期，在这段时期内谁都会有扛不下去的时候。可是，谁不是在独自煎熬的过程中，慢慢地蓄积能量，等着破茧成蝶呢？你要相信，那些你正在经历的煎熬，都是为了让你更加成熟，把你锻炼成更勇敢坚强的人。因为生活不相信眼泪，只相信你努力的姿态与奋斗的心。

人生无非是熬着熬着就成熟了

1

喵喵是我朋友的表妹，前几天她说自己想辞职换份工作，结果被她表姐数落了一番，便跑到我这儿求安慰。我说你不是求安慰，你是来找骂。为什么呢？因为喵喵的小毛病太多了。

目前的喵喵在一家婚纱摄影公司工作，这家公司在我们本地来说还算不错。按道理，喵喵应该踏踏实实地上班，可是喵喵并不踏实，反而觉得做销售工作很苦很累，她已经连续两个月只拿到基本工资，没有任何奖励，尤其是最近托熟人谈的一单合作在眼看就要成功时泡汤了。这让原本心浮气躁的喵喵更加失去了动力，更加厌恶这份工作了。

在喵喵眼里，这份工作不仅工资低，又辛苦，大热天还得站在室外发传单，好不容易回到室内后连喝口水的机会都没有，就被经理叫去听课，周末也得给客户发信息维护关系。反正喵喵想换一份钱多事少离家近的工作，目前的工作工资太低了，她不想继续干下去。你总说工作忙得鸡飞狗跳，有可能是你自己的手忙脚乱导致的。工作看上去很“忙”，实际上工作效率低，这是你不懂得时间管理与自我管理。

如果喵喵想换工作的话，那么她在这之前已经换了三份工作了，无非是酒店前台、收银员、文员这类工作。做的时间都不长，因为喵喵眼高手低，嫌弃工资少、公司小，而且也熬不出头，不如换一份能熬出头的工作。

于是，喵喵总是贪心想换一份能熬出头的工作，但她忘记了一个很现实的问题，工作和生活一样，多年的媳妇才能熬成婆，每次工作只干了几个月、半年的时间就想拿到高工资，别做梦了。

对于像喵喵这种中专毕业的人而言，自己没什么本领就别怨工作辛苦劳累，那些涨工资的同事，谁不是前期熬了好久才换来现在的收获，哪一个职场新人不是从一穷二白过渡到走路带风的潇洒？很多刚刚工作的年轻人，看见的只是结果，却忘记了想要飞黄腾达之前，必先经历一段十分痛苦煎熬的时光，要被老板呵斥、被客户刁难、被生活扇耳光，这些都很正常，关键看你能否扛得住这份考验。

我告诉喵喵，有些苦没人能够帮你扛，有些坎你也得自己跨。你嫌弃工资低，但你可曾想过工资低是因为当初的你不努力。比如我自己，大学毕业刚参加工作时也觉得很难熬，最后还是扛过了那段时光。其实，我们每个年龄段都会出现煎熬的时候，关键看你能否扛得住。

刚参加工作那一年，由于喜欢文字，我便自告奋勇当了记者，跑了一个多月的新闻，结果觉得自己还不够格，又回到编辑岗位积累经验。那时候，我一个人做着手机新闻，没有周末，每天都得找稿子、编稿子、做策划、整理资料，前期火力十足，可是没有休息时间，一个人连续工作了几个月后，开始有点泄气，尤其是碰到熬夜加班的时候，会觉得自己对这份工作没有了喜欢，完全是在死撑着。

我找朋友倾诉，他们说我这是进入了职业倦怠期，每个人都会有，要我好好调整状况。后来，我把这份工作看成是好事多磨，我知道如果想要在文字工作这一块做出成绩，那么就一定得比常人忍受得住煎熬，更何况，熬又不是死撑着，熬是为了更好地破茧成蝶。再换个角度想想，工作是为了赚钱，为了提升自我价值，为了让家人过上踏实的生活，又不是一直煎熬，总会熬过去这一段路程。

最后，由于我的踏实与努力，领导给我安排了其他任务，工作有了弹性制度，不再是一个人每天做着同一份工作。真正扛过了那段自以为很难熬的时光后回头看看，谁的工作没受过煎熬？谁的工作没受过委屈？这些都是人生的必经之路。因此轮到你经历时，多给自己一些力量与信心，少给自己哀愁。

2

朋友李子在大学刚毕业那一年，也经历过一段很难熬的时光。

李子专科毕业，他的第一份工作是在工厂上班，这是由学校推荐的。李子当时犹豫过，他知道流水线的工作会消耗自己的青春与耐力，但又不得不接受，因为他不像别人那样有一个好的家庭出身背景，他是单亲家庭，父母离婚，跟着父亲生活。

他刚去报到时，也有其他同学一起选择了这份工作，他们的想法和李子一样，既然没有一条更好的路，那就咬咬牙忍忍，只要熬过去就好。由于没有任何制鞋经验，李子从最基本的工作做起，而且，那时候李子的工资才1500元。主管告诉他，等过了新人期，熬过半年之后就好了。而是如果表现好，还可以计件提成。

李子心里无奈，但又没办法，他是计算机专业毕业，工作不好找，更主要的一点是他连租房子的钱都没有。现在学校既然推荐了这份工作，那就先做着吧，在熬中学会蓄势待发，等着破茧成蝶。于是，李子就这样勤勤恳恳地工作着，虽然辛苦劳累，所幸包吃包住，李子平时也很少用钱，他把钱都拿来存着，准备到时候重新找一份工作。

就这样，李子自己也没想到，他在工厂待了8个月的时间。这8个月里，他看着身边的人进进出出，当初和他一起来的同学也都纷纷离职了，就剩下他和另外一个同学还在咬牙坚持，等待着熬出头。

每个人都会度过一段需要独自去"熬"的时光，没人帮得了你，一切都得靠自己。你若能体会到人生是苦尽甘来的道理，那么"熬"对你而言，是默默修炼自己，等待着熬出头的璀璨绽放。当你在"熬"的过程里努力，其实你已经比别人多了一个机会与好运，因为你永远都不知道未来会发生怎样的变化，但你的努力会给你带来好运，让你有从容不迫的资本去应对未来的变化。

你看着别人云淡风轻的轻松，但说不定是拼了很久的努力才换来的；你看着别人舞台上的光鲜靓丽，但说不定背后吃过的苦都默默吞咽了；你看着别人包揽所有奖学金，但说不定别人比你付出百倍的辛苦去看书做题。没有谁的成长是容易的，只是看你用哪种姿态去面对坎坷。

3

前几天和朋友们聊到有没有经历过刻骨铭心的煎熬时光，KK说，他最煎熬的时光，是他在外地工作时，他的父亲突然离开了人世，他却没能见到最后一面。当听见父亲去世这个消息时，他整个人崩溃到了极点，立马买机票飞回来，KK见着泪流满面的母亲朝他跑过去抱着他时，他瞬间觉得自己很没用。为什么当初要抛下多病的父亲与母亲去大城市工作？为什么不能多陪陪父亲？

后来，他辞掉了工作，开始变得颓废，酗酒、抽烟、失眠，精神也有些恍惚，每天浑浑噩噩地度过。差不多持续了一个月的时间，某天，KK的前女友打电话数落了他一番，激励他振作起来，别弄丢了父亲，又把母亲弄丢了。KK这才醒悟，他调整好了状态，开始新的生活，也留在本地工作以方便照顾母亲。

蓉蓉说，她觉得最难熬的时光，应该是发现了前男友出轨的短信，他与其他女孩子“老公、老婆”地称呼，蓉蓉当时看见很平静，直接宣布分手。第二天，她所有难过的情绪全部爆发。之后她每天都无精打采地过日子，不爱化妆也不爱穿漂亮的衣服，因为她觉得就算自己打扮得像花儿一样又如何，那个她喜欢的人已经喜欢上别人了。失恋对蓉蓉的打击很大，但她也不知道自己最后是如何醒悟的，反正就是在某天起床后，她看到天空很蓝，云朵很漂亮，然后就想把自己变优秀去遇见优秀的他。

小艺子说，最难熬的时光应该是没日没夜地看书考公立医院那段时间吧。因为家人的逼迫，再加上自己内心不服输的劲儿，小艺子那一段时间里拒绝了所有活动，每天下班之后就在家看书做题，上班期间也见缝插针地看书。她说那时候的自己比高考前夕还拼，虽然脸上生了痘痘也有了黑眼圈，虽然她很多次都觉得快熬不下去了，但最终她还是成功了，进了那家医院工作。

生活不分年龄，不看性别，只分强弱。当你很厉害的时候，你就是自己人生的导演，能够安排自己的人生剧本如何演绎。当你弱的时候，阿猫阿狗会欺负你，就连喝口水都会呛着。

人生总会经历各种各样的难熬时光，在难熬的日子里，你要做的是哭过之后擦干眼泪笑着继续向前奔跑，尤其是当生活扇了你耳光后你要记住教训，等到强大以后再用自己的实力告诉生活你并不是弱者。当生活处于低谷时，别怕，这也是你最好的增值期，因为你比别人收获的成长经验多，而且，你也有更多专心致志的时间用来提升自己，因为成功者在成功之前，都会经历一段寂寞又难熬的时光。

当你把成长中的“熬”看成是帮助你成熟的火候，你就不会觉得很难熬了。相反，如果没去经历一段煎熬时光，你又如何能够破茧成蝶呢？别总是把煎熬看成坏事，换个角度想想，有时候煎熬也是好事，它能够让你在社会这个“大油锅”里翻腾几回，才能够成长为“老油条”，才能成熟，才能更加强大。

分明是你实力不足，瞎说什么怀才不遇

生活中，总有人爱摆出一副苦瓜脸嚷嚷着说自己“怀才不遇”，那声情并茂的样子真的让听的人为他感到心疼。可是，你说你怀才不遇，那么当机会到来时，你有做好准备了吗？或者，你有看过你怀里抱的是才华的“才”，还是白菜的“菜”呢？

读者小A在微博给我发私信，他说自己刚刚大学毕业，现在进了一家私企上班，老板只把目光放在老员工身上，从来都不正眼看他们这几个新来的员工，这让他很气愤，他觉得自己拿着英语四级证书、计算机等级证书和人力资源资格证书没有用武之处，他想辞职换份工作。

听小A这样说，我能理解他的心情，不就是觉得自己满腹才华，可是又没有施展的地方，因此感到怀才不遇嘛。然后，他又向我诉说自己的“辛酸史”，说他们部门主管每天交给他的工作几乎都太轻松了，做完了就再没什么事了，感觉他们看不起人，不想让他得到发展。更主要的一点是，另外一个新来的女生就能独当一面做事情，为什么他不能？于是，小A就怀疑那女生用不正当的手段谋取了自己的利益。

我也不留情面地回复他说，你哪有什么怀才不遇啊，无非是你实力不足，才华也还没达到散发光芒的地步，当然会被别人忽视。你看你，明明可以靠自己争取的东西，为何要把时间都白白浪费掉？你别光有一股心高气傲的劲儿，却没有大展身手的命。

你说主管只让你做完轻松的工作就没事情可做了，这时候你不知道查阅公司以往资料，看看这个岗位可以做的事情有哪些吗？你不知道嘴巴甜一点主动询问主管还需要做其他事情吗？你说新来的同事抢占先机，说不定别人比你有本事。不要以为自己有几个证书就厉害得不得了，你有发挥出证书的作用吗？

你有英语资格证，可是你为处理公司的一些英文邮件以及外宾接待做过功课吗？你有计算机证书，你能解决同事或领导电脑出的问题，或者能灵活运用办公自动化吗？你有人力资源证，你能针对公司目前的人事管理查缺补漏，提出自己的意见吗？说真的，不是你的能力得不到展示，也不是你怀才不遇，而是你根本没去主动展示过自己，别人怎么知道你是怀才还是怀孕？

许多人喜欢像P图一样美化自己的不努力与不上进，喜欢把不思进取归咎于社会不公平，喜欢把努力没用归咎于怀才不遇。

你以为给困境磨个皮就能看起来很美好？你以为给拧巴加个暖色调就能岁月静好？你以为给悲伤拉个笑脸就能改变你的现状了？别白日做梦了，你这只是自欺欺人而已。你有实力，就要大大方方地展示出来，没实力就闭嘴。如果觉得自己有能力但又还不是特别厉害，那先别忙着张牙舞爪地去展示出来，先默默积累，毕竟怀才和怀孕一样，时间久了自然能够被人看见。

与读者小A完全不同的是，读者杨杨不是一个爱抱怨的女生，也很少说“我明明不比别人差，天资条件都还不错，为什么好运都让别人霸占了”这样的话，她专心致志地写文章，不怕得不到编辑赏识，就怕自己不去写。

杨杨在2016年时加了我微信。那时候她说她喜欢文字，工作之余也会看看书写写字，尤其是看了我的书后，更加笃定了业余时间坚持写文章的想法。我鼓励她，有梦想就要坚持，更要加油，这个世界赏罚分明，别怕梦想失败，当你奔跑在追逐梦想的过程里，其实也是在提升自己，让自己变得强大。

经过一年多的变化，前几天收到杨杨发来的微信，她告诉我她的第一本新书快要上市了。我很惊讶，然后去搜了一下她的新书，才知道现在的她在简书、片刻、一点号、微信公众号都开通了自己的平台。她坚持着一周好几次的文章更新，虽然没有像别人那样大红大紫，但她经营着自己的一片天地，默默地给自己的付出进行浇灌、耕耘。

有很多热爱写作的人都喜欢说现在的图书市场不管是谁，都能出书了，就连菜市场大妈也能出书，这样的书阅读价值一点儿都不高，然后摆出一副高冷范儿认为如果自己出书，影响力肯定高，肯定畅销全国。而当你在吐槽时，你为什么不去行动呢？你会说现在写作起步太晚了，就算写了别人也不一定懂自己的艺术天分。

于是，这些人一边觉得自己才华不错，一边看不起比他厉害的人，又抱怨编辑们都去挖掘一些口水话文章，甚至鄙视编辑们的眼光，而他们自己却未曾努力过。现在网络上的写作平台很多，只要你在多个平台发表自己的文章，多钻研怎么写出点击率高的文章，还是会有机会得到编辑的赏识的，毕竟机会永远是留给有准备的人，你是金子还是石头，在你对待机会这件事上就能看出。

没有所谓的怀才不遇，说白了，这根本就是你本事不多脾气倒很大。我想起自己刚大学毕业那年，去找工作时也提出过高薪要求，结果对方质疑我的能力，我说只要我努力就有这个能力，最后还是被别人婉拒了，后来我还不服气地说别“狗眼看人低”。经过这几年的成长，我才知道当时的自己有多么幼稚，以为自己有写作特长发表过文章就了不起，其实是自己能力不足。

现在新闻上也有报道，告诉大学生们刚毕业时要先就业再择业，这句话我大学毕业那年，老师也对我们说过。意思就是说先上班积累一些经验与人脉，然后再去做自己喜欢的事，再去往好的公司发展。可是呢，大学里有个女同学偏偏不听，她仗着自己长得还不错就跑去上海找大公司上班。结果才半个月，就看见她在班级群里说自己回老家了，因为与她竞争的都是名牌大学毕业的学生，她觉得自己的自以为是太害人了。才刚刚起步学走路，就想跑步，这样只会让你步步皆输。

在这个时代，有才就要展示出来，是金子就要找地方发光。如果才华不够，就别一个劲地抱怨说伯乐没来找你，机会没来亲近你。明明是你能力不足，伯乐和机会凭什么浪费精力在你身上呢？当你能力够强，自有花园让你绽放；当你能力不够，就咬紧牙关默默成长。

有一次，大学母校做毕业调查，我就发信息问辅导员田老师，像我这种暂时没上班也没背景的自由撰稿人该怎么定位自己。没一会儿，辅导员老师回复我：社会底层中拔尖的人。而后，她又发了一个笑脸表情给我。我说你别挖苦我，就我这样也只是一个努力的人。然后我俩就这样有一搭没一搭地闲聊着。

田老师告诉我，她有时候看见那些上课玩手机、睡觉甚至逃课的大学生，真的有一种恨铁不成钢的感觉。他们还不知道自己已经岌岌可危，因为现在很多事业单位与公务员招考的硬性要求是“全日制本科”，即便写“专科”文凭，也只招一个，而且还是待遇不好的乡镇单位。

让我更为奇怪的是，田老师还说现在的学生总是喜欢抱怨自己怀才不遇，抱怨机会从来都没有来过。某次，她上课问同学们在大学里有什么收获时，大家纷纷抱怨自己来到了一个不入流的专科学校读书，吐槽学校的各种教学设施不好，学习氛围不浓，宿舍条件差等，那样子就像一个落魄的秀才只知道逢人便数落自己的不幸，不知道努力备考，他日东山再起。学生们还跟她抱怨，为什么好运全部都让那些油嘴滑舌的同学得到了，真的有点不公平。

当田老师知道学生们居然是这种心态时，感到很生气，她呵斥他们别整天抱怨，觉得专科学校不好，有本事去考“专升本”，再去本科学校读书。自己能力不足就别怪环境，环境不能改变，但人可以改变。

不要整天像一个怨妇一样，说“凭什么别人能成功，自己不比他们差多少”这种话，当你说出来时，其实已经和别人有了差距，因为努力的人很少抱怨环境，他们只知道埋头努力，做出成绩后，发个朋友圈与微博吆喝一声自己的成果，自然会有伯乐前来。如果你没才，就别抱怨“不遇”了，有时候承认自己的不努力并不丢脸，就怕你明明知道自己碌碌无为，却还以此扬扬得意。

在这个各行各业迅猛发展的时代，你根本没资格说怀才不遇，机会那么多，就怕你肚子里根本没多少墨水，找了怀才不遇的借口来掩饰自己的懒惰。

每个自卑的人都是不可忽视的潜力股

有读者微博发信息给我说："我长相不出众，又没有才艺，父母都是普通的打工者，我很自卑，有时候很羡慕别人光鲜美好的生活。"每次看见这样的信息我都来气，长相不出众，父母都是打工者，这些不是你抱怨的理由，更不是你逃避现实的借口。你只知抱怨，只看得见自己的弱点，就别问为什么世界那么残酷，为什么好运都降临在别人的身上。

人比人，开心的是别人，气的是自己，大家明明都知道这个道理，为什么还是有人总喜欢拿别人的优点与自己的缺点做对比，然后又来和我抱怨说为什么别人那么优秀、漂亮，为什么自己活得那么自卑。我想问，你有本事取笑自己的短处，那么你有没有本事拿自己的优点去和别人的优点对比，虚心找不足，以此取长补短呢？如果有，就别整天像讨人厌的麻雀般嚷嚷着给自己带来负面情绪。

对于自卑这个话题，我最有发言权，因为从初中到高中的六年时间里，我经历了最刻骨铭心的自卑。初中时期的我，就是那个被别人打不还手骂不还口的“老实人”，因为我家庭条件不好，又是单亲家庭出身，长相普通，个子瘦小，所以我极度自卑，那种自卑感就像是一粒种子，在我身体里生根发芽了，无法根除。

读初中那会儿，我经常成为被其他同学整蛊的对象。那些调皮捣蛋的男同学看见我走进教学楼时，会从上面朝下面吐口水，然后吹口哨起哄叫我难听的外号。

上体育课时，由于身体差，跑步总是跑在最后，于是，又有同学笑话我说：“跳高跳不高，跳远跳不远，跑步也跑不快，如果是我早就投胎做女生了。”

那时候他们说了很多伤我自尊的话让我无地自容，但又没有办法，贫穷让我极度自卑，我也无数次告诉自己，走路要抬头挺胸面带微笑，不要害怕与别人的目光对上，根本没人在意自己走路的样子，不要想太多，可是仍然没能做那个坦然又自信的自己。

学生时代的我活得非常失败，也非常糟糕，我的照片被同学贴在男厕所。为了取下照片，我被他们当众羞辱。当时的我无力反抗也不敢反抗，因为父亲去世得早，加上自己家庭条件不好，被他们欺负惯了，只能忍气吞声地照做。

从此之后，我不敢上男厕所，因为厕所里都是些爱打架、调皮捣蛋的同学，他们三五成群地在厕所里抽烟说脏话。我走在校园里也会刻意避开这些同学，因为害怕他们问我身上有没有零用钱，向我“借借”，我知道这不是“借”，这是欺负，他们拿了后不会还。

直到现在我才知道，原来我当初面临的这些叫作“校园霸凌”。好不容易熬过了初三毕业，进入高中后，一切的确慢慢变好了许多，但仍然会有捣蛋的同学捉弄我。他们虽然少了行动上的捉弄，但多了语言上的侮辱。那时候我只有一个想法，咬紧牙关默默努力，总有一天我要活得比他们帅气。

别人都说要感谢打击你、伤害你、折磨你的人，是他们给了你机会才让你的人生有更多宝贵的经验和阅历，让你的人生更加丰富完整。但从某种意义来说，磨难并不会让人越来越好，而关键看你怎么对待磨难。我之所以能有那么大的改变，不是因为别人的打击，而是因为我害怕自己如果不去努力，今后会继续被别人欺负，被生活欺负。我不想这样，我要变得强壮，变得有能力保护自己与家人！

虽然我长得不帅气，但为了活得帅气我付出了很多努力。我性格内向，于是上高中后就拼命看书，没钱买书就去书店看，也在高中时申请了新浪博客，开始在上面发文章，认识了一群热爱文字、志同道合的朋友，后来写的文章也慢慢得到五湖四海的朋友们的认可与转载。这些默默付出的努力都有了收获，逐渐地减弱了我的自卑感。

高中毕业后，我进了专科学校读书，但我没有后悔，因为我想着总不能当别人砧板上的那块肥肉，我要当主宰自己命运的那个人。为了活得生猛，我在大学里毛遂自荐当班长，通过自己一步一个脚印的努力，在大学毕业那年，我获得了国家奖学金，也拿到了20多项荣誉，写的文章在杂志上得到发表。这些成绩的取得告诉我，原来我也很帅气，只是曾经的我年少无知，认为长得好才叫帅气，后来才知道，内心世界丰富的人比长得好看的人更帅气。

我从没有想过自己能在写作方面坚持这么久，当时就一个信念支撑着我不断前进，由于自己长得不好看，穿着也不好看，家庭条件更不好，只有在网络上别人才看不见我不自信的一面，所以我才不停地多看书多写文章。写作既是因为热爱，也是因为它可以打败我的自卑。

大学毕业时，高中同学王某某问我，为什么我的变化那么快，比他谈恋爱换女友的速度还快。我说，因为不能忍受每天照镜子时看见一张一事无成的脸，所以想改变。我只是把你和女友在操场看星星看月亮的时间，用在图书馆里看书、在教室里学习、默默查找专业资料上。就是相信人丑就要多读书的道理，让我得到了很多收获，有了收获就有了改变，慢慢地，曾经如刀子扎心般疼痛的自卑也就逐渐减弱了。

有人会因为外表、金钱、感情、事业这些沾沾自喜，告诉你，别笑得太猖狂，你骄傲的东西都有保质期，都有时效性，说不定哪天就因为意外没有了。而我为了改掉自卑，在努力的过程里得到了坚持、拼搏、恒心这些能伴随我到老的收获。你看不起我的努力，我笑你拥有的只是昙花一现。

时常，有很多读者伙伴在微博发信息向我诉说苦恼，大多数都与自卑有关，甚至有个别不会说话的人问我："沈善书，你在书里写自己专科毕业，初中时期被人欺负，又还出身贫穷家庭，为什么现在的你不自卑了？"对于这样不懂说话的人，我只是回复说："我把那些抱怨自卑的力气，都花费在努力上。"

换做以前，我特别害怕别人知道我是大专毕业，尤其是找工作时，怯生生地向HR递上简历表，然后再补充说虽然我是一名大专生，目前很努力在考本科学历。后来，看着身边一些大专毕业的同学都混得挺好的，我自己靠写作也小有成就，于是，我不再刻意掩盖自己的大专学历，甚至当别人认为自己了不起时，我也不会自卑，因为我在努力地提升自己啊。

说真的，每次当我羡慕别人时，我都会告诉自己不要羡慕别人，这只会给别人加分，我要成为别人羡慕的对象，给自己加分。所以，我悄悄地把羡慕别人的时间用来提升自己，才有了每天坚持阅读与写文章，坚持在网上经营自己的个人品牌，并且相信着努力的意义。

悄悄告诉你，一句话不要信全部，信一半即可，比如付出了行动就一定会有收获的道理，我也不完全相信，因为这充满不确定的因素，但我相信努力的意义。在努力的过程中，我能得到很多积累与进步，克服自卑的弱点，完善自己的品格，当我变得越来越好了，那么，收获也自然会成为你在努力过程中得到的礼物。

如果你也和我一样经历过自卑，那么请你别再自卑了，那会耽误你变优秀、变漂亮（帅气）的时间。我也不怕你自卑，就怕你的自卑带有戾气，更怕你自卑过后没有东山再起的本事，然后依然抱怨不公平。

希望我的读者伙伴们都活得厉害一点儿，这种厉害是多拿自己的优点与别人的优点对比，敢硬碰硬，敢活得霸气一点儿。即便是自己比别人差那么一点点，也要不屑地哼一句，告诉自己只要持续不断地努力，也一定会和他人一样平起平坐，哪里有闲工夫自卑呢！

PART 3

改变自己很辛苦，
不改变却会活得辛苦

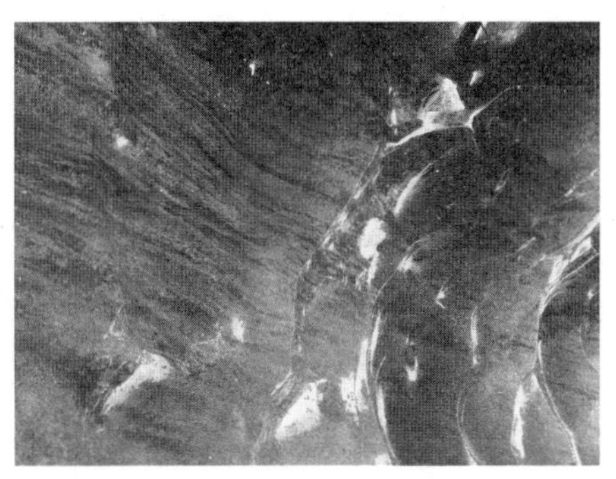

你要记住，当你足够强大时，生活才会弯腰迁就你；当你不够厉害时，哪凉快待哪儿去。

抱怨之前，
先照照镜子看看自己

朋友小芒打来电话时，我睡得正香。

她在电话那头用做作又扭捏的上海话说她最近的生活情况，并且一口一个“我跟你讲”“好气的啦”“真的是呀”，听得我内心崩溃。我迷迷糊糊地说你也不看看时间，都凌晨三点了，有什么事明天再说。于是，我挂断了电话，关掉手机继续睡觉。

第二天起床打开手机后，我看见小芒发来的微信，她抱怨自己最近工作总是出岔子，公司新来的“95后”同事比她战斗力强，搞策划写文案弄得井井有条。至于她呢，是公司里待了一年多时间的老员工，最近工作也只是做做整理文件、更新网站这些简单事情。

小芒问过领导，为什么以前的她还能够做大事，而现在的她只能做这些鸡毛蒜皮的小事。领导告诉小芒别眼高手低，小事见工作态度，只有把眼前的小事做好，才能做大事。

听见领导这样说，小芒突然觉得自己有一种怀才不遇的感觉，至少一年前的她在公司里风生水起，为什么现在新人来了后，她反而得不到重用了？总之，小芒用一种千里马没伯乐赏识的口吻向我诉说自己最近工作做得不好，生活也疑神疑鬼，觉得自己很没用，感觉当初不顾一切跟着朋友去上海打拼是一个错误的决定。

小芒所在公司的老板是一个“85后”，她的同事大多是“90后”到“95后”不等。按道理，与年龄相仿的同事在一起工作应该很快乐，至少不用跟那些年龄跨度大、有代沟的同事相处。但是，小芒并不快乐，突如其来的职场危机让她措手不及。

曾经的小芒以为自己长相漂亮，也有过报社实习的经验便能得过且过，领着工资安享太平。现在，那些她马虎对待过的时间，都纷纷来马虎对待她，给了她太舒适的环境，让她忘记了成长是一场优胜劣汰的残酷比赛。

“95后”同事的到来，让“90后”的小芒突然觉得自己像是“中年人”，别人穿的衣服像少女，你穿的衣服像少女的妈妈；别人买得起粉嫩色的口红，你却买不回粉嫩的少女时光。你看，这就是恐慌感，也正是因为恐慌感才会提醒你更要去拼去努力，不拼不努力，你迟早要成为职场里最先被淘汰的那类人。

现在的职场对于女人而言，不仅仅只看脸，更看KPI与你工作的能力。你穿金戴银如何，背香奈儿包包又如何，职场不是走T台的地方，欣赏不了你的花拳绣腿。职场喜欢你为公司带来的业绩与个人的自我提升，看重你永不止步的学习能力。

有很多人喜欢说自己怀才不遇，抱怨领导眼光低，总喜欢让那个没自己漂亮的新来的同事做大事，猜测领导会不会是贪图她的年轻貌美。也许，小姑娘有年轻的资本，也有你还不知道的实力。你别口口声声抱怨自己怀才不遇，先低头看看自己怀里抱的是什么，很可能你怀的是柴火的“柴”，而不是人才的“才”。

对于我的朋友小芒来说，安逸的环境让她忘记了居安思危，现在危机来了，她也只能在背后一个劲地抱怨，却没想过从自身找原因。

在硝烟四起的职场里，你若缺乏了危机意识，不懂得时时刻刻去学习，去更新自己的知识储备，别说在北上广这样不相信眼泪的城市，就连小城市也不相信你，因为没有任何一家公司、单位的领导喜欢原地踏步的员工，他们更喜欢有创造力、拼搏力、富有激情的人。

在公司里，你以为完成了今天的工作任务就很厉害了，实际上新来的同事已经超额完成，还顺带把一周工作计划都列了出来；你以为领导让你下周交一个方案，你就果真等到下周才交，新来的同事一边跟领导汇报方案进度，一边整理A、B两个方案供领导选择。

真的，很多时候不是领导不重视你，而是你自以为是的“了不起”害了你。你以为自己有了工作经验就是职场老人了，就可以颐指气使了，这只会让你分分钟输给创造力强的职场新人，让你在职场里失去竞争力。

2014年，从事业单位辞职后的一段时间里，我也自以为是地认为自己过得很潇洒，直到我妈说我是假装潇洒，才点醒我这个梦中人。于是，从2015年起，我一边考公务员，一边在人才网投简历，没想到对于我们这个十八线小城市来说，很多面试的HR说话也是挺不客气的。

我第一次面试的是一家传媒公司，对方见我穿着打扮太学生范儿了，没什么说服力，直接以“不成熟”为理由拒绝了我，直到现在我都记得那天的面试时间用了总共不到十分钟。

回家后我向我妈诉苦，抱怨小公司还脾气大，有什么了不起，我还看不上。我妈说活该，总自以为是，更何况那么严肃的面试又是搞传媒工作，肯定要穿西装打领带，为什么穿得那么休闲就去了。

我妈噼里啪啦地说了一大堆，我听着感觉说得似乎有些道理。毕竟职场不是生活，可以容忍我的随意；老板也不是我的亲戚朋友，可以容忍我的小脾气。职场就是职场，它只以考核为重。

过了一段时间，又有一家连锁超市打电话叫我去面试办公室人员。这一回，我穿了衬衫与皮鞋，规规矩矩地去面试。最后，面试通过了，然而由于自己的作，再次失败。

上班第二天，我就对办公室里的一个姐姐抱怨说咱们办公室太小了，电脑太陈旧，办公环境又不亮堂，我叽里呱啦说了一大堆。第三天早上，领导叫我去办公室，笑眯眯地告诉我，如果有资本，就自己当老板把公司做成自己喜欢的样子；没资本，就走人。很遗憾，这次工作由于自己的冒犯弄丢了。

最后，我朋友叫我去帮她看服装店，谁知道没过几天，朋友说我太“老实忠厚”，还是适合当自由撰稿人，不适合卖衣服，因为我对顾客都是“实话实说”。经过这三次经历后，我也摸清了这个世界的残酷规则，懂得了这些道理：底气不足便任性，会错失机会；资历不足充老大，会显得虚浮；总是为别人考虑，就会使得自己卑微。

碎片化时代，不要因为看见别人的好就抱怨自己的差，希望你不要完全去相信《速成法则》《十五天搞定瓶颈期》《有了这几点，让你的工作更轻松》这样的文章。努力，才是升职加薪最快的捷径。

曾经的我就是一个肚子里没多少墨水却心比天高的人，总认为自己出过书也会写文章，找份体面的工作应该是分分钟的事儿。直到尝到了找工作碰壁这些苦水后，我告诉自己，不管是现在自由撰稿人的生活，还是将来找到了工作在职场打拼，我都不能心浮气躁，要脚踏实地，更要有危机感，没有超强实力与华丽背景的我，就不要好高骛远。

很多人可能和曾经的我一样，自以为很厉害，能够轻松找到一份朝九晚五、离家近又轻松的工作，等到工作一两年后单位进了新人，也自以为是地认为自己是职场老人了，该“教训”新来的员工，给他们摆脸色，让他们端茶倒水。实际上，你找的工作与你个人的能力相匹配，你若是不警惕新员工的到来不去给自己“充电”，迟早会被新员工当成助他们向上爬的梯子。

没人管你奋斗的姿势美不美，他们只看结果，所以不抱怨才是你应该拥有的姿态。若是你今天不去努力、不去奋斗，总是把今天该做的事情拖到明天，等积累多了以后，努力对于你而言就很累、很繁重，于是，你又回到了起点，一边抱怨世界不公平，一边下定决心说要努力，却从未见你为努力付出过行动。

职场哪有时间和你谈岁月静好，你要面对的不过是一场又一场无法预知的暗黑风暴。别遇到一点困难就停止努力，别遇到一点压力就以为天要塌了，别因为一点委屈就觉得全世界都欠你一个拥抱。世界不是童话故事，总是哄着你让着你，这世界有时候可能是一本恐怖小说，没你想得那么温暖美好、热血治愈。

脚踏实地才会取得真经，抽筋扒皮方能脱胎换骨。

我没你长得好看，但可以活得好看

逛知乎时看见一个问题“长得不好看是种怎样的体验”，回答下面有五千多条评论，每条评论都很扎心，每个人都在说自己的难言之隐。看见这样的问题时，我照了照镜子，嗯，镜子里的我与以前相比，确实发生了“翻天覆地”的变化。

读初中时，我讨厌上音乐课，因为捣蛋调皮的男同学会故意让老师叫我唱歌，我说我不会唱，老师说怕什么，不会可以教我。于是，在无奈又扭捏的情况下，我站起来唱歌，歌没唱完，班上同学们全都哈哈大笑，包括老师也偷偷地笑了。我始终都记得当时的情景，有一个男同学说了一句让我感到无地自容的话，他说我唱歌时歪歪的牙齿全都露出来了，像僵尸要吃人，如果去拍恐怖片演僵尸肯定不用化妆。当时的我恨不得第二天就不去学校上课了，因为我害怕班上同学因此故意挖苦我。

由于童年时发生过意外，我的牙齿不好看，也因此不敢照相，更不敢笑，也不敢说话时看着别人的眼睛，我怕别人和我说话时注意力都在我的缺点上。这让我自卑了二十多年。

进入高中后，有一回学校要举行诗歌朗诵比赛，班上选人参加。同学们都推荐了我，说我作文写得好，普通话也不错，肯定会为班级带来荣誉。班主任老师支支吾吾地没决定，最后私下里告诉我，诗歌朗诵比赛是全校性活动，还是想找一个精神风貌比较硬朗的男同学，我太瘦了，看起来弱不禁风，不合适。我知道老师的言外之意，不就是因为我长相不好看嘛。

大学里，无论我怎么努力，都无法代表学校去参加全市甚至全省的辩论赛、演讲赛，我猜想到原因，可能是因为我长得不好看。关系好的女同学安慰我说没关系，长相又不能当饭吃。进入社会后我才知道，那两个对我说长相不能当饭吃的同学，如今都靠长相吃饭，一个当了电视台出镜记者，一个当了幼儿园老师，业余兼职拍短视频。

大学毕业去找工作时，我以为凭借着在大学里获得的诸多荣誉证书就能轻而易举地找到一份老师工作。结果去学校面试时，面试我的人用先扬后抑的口吻对我说“你很优秀，性格也好，但是你知道的，我们是一家比较高端的培训学校，老师也代表着我们学校的形象”，每次听见这样的话，我都说没关系，反正我已经习惯了与陌生人初相识时，别人夸我性格好，而不是夸我长得好。

有时候我恨透了，为什么童年时要发生意外？为什么自己长得不好看？为什么家庭贫穷不像别人活得有底气？无数个“为什么”让我苦恼，有时候我不知道怎么做，我只能偷偷地哭，至少哭完后我会释放出心中的压抑。哭也像是一针止痛剂，慢慢地，我学会了用哭的方式释放心中的坏情绪。

因为长得不好看，刚毕业找工作时，公司要求里写的有“长相好”的我都不敢投简历，后来就只能做文字编辑、文案策划这种不需要“抛头露脸”的工作，就算是因为工作需要采访别人，我也不会出镜。

谈过两段失败的感情后就一直没有再谈，因为自卑啊；因为长得不好看，我不敢去做时下流行的直播与我的读者朋友们互动，因为自卑啊。

读大学之前，我的自卑感渗透进了骨子里，这种深刻的自卑感一直伴随着我到20岁。直到进入大学过了20岁后，通过在大学里一次又一次地参加活动认识新朋友，一次又一次取得好成绩，文章在杂志上得到发表以及出版属于自己的图书，我的自卑感逐渐减弱了，我慢慢发现了自己的闪光点，看见了自己的长处，逐渐有了信心。

现在，我敢说出从小到大都不敢说的“秘密”，不是因为长大了脸皮变厚了，而是我学会了为自己而活，也学会了让自己活得轻松一些。我知道自己与别人的差距，既然无法靠外在吃饭，那么我只能修炼好自己的内在，默默地磨炼自己的本领。也许我的努力比不上别人的好运，没关系啊，我不和别人去比赛，我只和自己对比，跑赢过去的自己就已经很棒了。

长相只是影响着你的关系网，不能决定你一生的发展。很多人都只是脸蛋好看，内在简直不敢恭维。为什么呢？因为这类人觉得长得好就行了，没人会关注自己的内在，于是少了些内涵，多了些自以为是，只是空有一副好皮囊。

相比之下，我更愿意先了解你的内心，再观察你的外在。一个人的外在只是决定我多看你的次数，不能决定我是否愿意与你做朋友。我始终相信一个人的气质与美好，是由内心的涵养散发出来的，而不是靠外在的东西包装。

美国作家爱默生说："美好的行为比美好的外表更有力量。美好的行为，比形象和外貌更能带给人快乐。"那些长得好看的人，的确会为自己带来更多的鲜花与掌声，但是，如若你的内涵不够、素养不足，没有人会一直追捧你。同样的，就算你和我一样长得普通又如何，如若你一直都在努力，一直都在坚持着自己的特长与爱好，内心充足丰盛，温暖、美好且善良，那么，你独特的美丽，也会为你带来好运。

没有人天生就是"男神""女神"，所谓的"长相天注定"只是说这类人资质条件比普通人好一些，如若他们不去打扮自己的外在，提升自己的内涵，照样谈不上好看。相反，那些资质普通的人经过后天的努力，比如说靠衣着、化妆、护肤、健身、读书、烘焙、运动等方式提升自己，那么，他们照样能够称得上是"男神""女神"。

所以，长得不好看不是你的错，但如果你不仅穷，但长得不好看还不自知，那可真有错。

在这个看脸的世界，如若你长得不好看还让自己邋里邋遢、蓬头垢面，整天抱怨为什么找不到对象，还自甘堕落，就别怪有人对你冷嘲热讽，贵人和机会总是眷顾别人家的孩子。你不去改变自己的外在，只知道一边抠鼻子一边逛淘宝、看韩剧，这样的你，又凭什么与自己的白马王子（白雪公主）相遇呢?

你看看我，就算曾经不好看，通过后期一点一滴的努力，现在也慢慢变得比过去好看了很多，至少现在的我不再像以前那么自卑了。

长得不好看不可怕，就怕你不知道改变。你可以无限放大你的特长技能，去展示你的爱好，因为别人的赞扬会增加你的自信心。此外，你要多看一些口才类与人际关系类的书籍，多关注一些时尚资讯，找到适合自己的穿搭与化妆风格，坚持运动，多交朋友，更要减肥。

一个人，不能以长相来显示自己的优越，更不能靠好看的长相来使自己获得安全感。你的名牌包包、衣服、饰品，都只是给你的长相锦上添花的包装，这些你所谓的安全感都有保质期。真正没有时间限制的东西，仍旧是你内在的涵养与拥有的能力，也就是说无论时间怎样变化，你的能力都会死皮赖脸地缠着你，一辈子都不会离开。

美貌有时候是一张通行证，但这张通行证有保质期限，不会让人一生受用。我虽然没有这样的通行证，至少通过自己后来的改变，慢慢地比以前变好看很多，既找到适合自己的穿衣风格，也会在出门时戴隐形眼镜，还在努力锻炼身体。现在和朋友聚会时，碰见了陌生女孩，她们也不会说我长得难看。

你长得好看自带光芒，我活得好看自由自在。所以，我不需要一张金城武的脸，也不需要“都教授”金秀贤的大长腿，我只想做你身边的小太阳，一直温暖、善良、美好，做独一无二的自己就够了。

时间是拿来行动的，不是拿来迷茫的

1

最近几天在微信后台里收到一些读者的留言，他们倾诉的话题也都和迷茫有关。

读者朱珠说她今年刚读大一，从农村去城市读大学的她有一点儿格格不入的感觉，她觉得别人的目标清晰，计划周详，就她不知道自己大学四年的生活应该怎么度过。

班上第一次开班会课时，老师让大家采取毛遂自荐的方式竞选班干，朱珠想去试试文艺委员，但又不好意思，更怕做得不好辜负了别人，最后就没去竞争。

这不，才刚开学没多久，她就不知道课后以及周末时间应该怎么分配。看着别的同学要么做兼职赚钱，要么参加活动，要么图书馆看书学习，唯独她一个人在寝室里睡觉发呆，不由得怀疑大学四年会不会就这样无所事事地度过了。

缺乏目标让朱珠感到迷茫，因为她周围的同学都很繁忙，她怀疑自己读大学简直就是浪费父母的血汗钱。

别有了坏情绪就只知道睡觉好不好，你都不出去走走，把时间浪费在寝室里睡觉，你说你不迷茫谁迷茫呢？我建议迷茫的人烦恼时，多出去走走，多看看，那样就不会迷茫了，至少当你看见骑着三轮车卖水果的阿姨时，当你看见送外卖的小哥时，当你看见在街头发传单的青涩面孔时，你会发现自己所有的迷茫完全就是庸人自扰，因为每个人都在忙碌着，你不去行动不让自己忙起来，当然会迷茫啊！

读者小峰原本报考的是市场营销专业，结果当年服从调剂到了电子商务专业。当时身边同学都说既然有了这样的选择，那就服从安排，或许会有好运降临呢。结果，小峰就一直在思考着这样的好运多久才会降临。

一个学期下来，小峰有一门考试挂科了，其他科目都是六七十分，反正考试成绩都不咋地。这让他有点难过，因为他又不是那种只知吃喝玩乐的学生，他也是有梦想、有追求的人，如今学着自己不喜欢的专业，他不知道怎么办。

听他这样说我有点哭笑不得，我说当初学校给你调剂专业时，你不喜欢你就应该去争取调剂到自己喜欢的专业，现在事情发生了，与其像个怨妇一样抱怨，不如像个新媳妇一样少说多做，在自己现在的专业上做出成绩，不是有句话叫“多年的媳妇熬成婆嘛。”

我这样说完后，小峰又回复说，他是专科，担心将来不好就业，他也想好好对待专业，但他不知道该从何处下手，因为班上同学都在抱怨专业问题，这让他很迷茫，感觉未来会完蛋。我只回了一句，允许你迷茫，但你要给自己制订短期计划与目标，如果你继续抱怨，你的未来可能真的就会完蛋了。

迷茫有什么大不了的，不就是有一团雾遮住了你的双眼，导致有近视眼的你看不清前方，也没安全感吗？其实解决这个难题的方法很简单，找个眼镜戴着就行了。所谓的“找眼镜戴着在迷雾里穿行”，意思是说与其站在原地迷茫，不如静下心来好好分析自己的现状，再根据环境判断方向，最后给自己勇气，多走几步试试，说不定希望就会在你的下一步出现。

2

因为工作的原因，我认识了在出版社上班的编辑杨姑娘——一个热爱图书出版也热爱唱歌的姑娘。2012年认识杨姑娘时，我还在读大学，她那时也刚好从一家小型图书公司跳到出版社工作。

那时候杨姑娘刚去新单位工作，想着要风风火火地做出一些成绩，就来找我谈合作。可惜我的选题没有通过，就给她推荐了几个作者，没想到其中两个作者的书还一下子卖火了，杨姑娘也从一个默默无闻的小编辑突然就成了畅销书策划人，很多同行都找她上课去讲畅销书策划经验。

就这样，杨姑娘便一直待在出版社上班。相比于以前在图书公司工作，出版社的氛围轻松许多，而且各方面福利也不错，工作任务不像图书公司压力那么大，她也能继续挖掘有潜力的作者给他们出书。

按道理，做着自己喜欢的工作也有男友爱着的生活挺好的啊，每天开开心心上班，快快乐乐下班回家。可是杨姑娘找我诉苦水，她说大概最近进入了瓶颈期，比较迷茫，一件事情做久了让她找不到方向。

杨姑娘口中的迷茫，不就是前几天刷屏的“逃离北上广”的文章所写的嘛，大家都在讨论要不要离开大城市回小城市工作。杨姑娘看了文章后也有很深的感触，她觉得自己这样高不成低不就的工作挺没意义的，又不能升职，也不想回小城市，做书又陷入了瓶颈，她觉得这种状态太糟糕了。

这不，再加上读了一些作者书稿里写的文章，里面提到年轻人不要过着一眼望到底的生活，要去挑战自己，去过出丰富多彩的生活。就因为这样的文章，杨姑娘才陷入了迷茫，她不知道此时此刻到底是继续做着自己喜欢的图书编辑工作，还是跳槽进入一个全新的行业挑战自己。

听了杨姑娘的话，我发了几个哈哈大笑的表情给她，我说亏你还是编辑呢，也会被那些鸡汤文欺骗。所谓“一眼望到底的生活”并不是说只有你去挑战自己才叫活出自己，也并不是跑去大城市为梦想、为生活折腾才算好样的，这话本身就有问题。

我认为工作是死的，人是活的，如果你觉得工作太轻松了，你可以研究自己专业或者与工作相关的东西啊，又或者私底下把自己的兴趣爱好发扬光大。只要你一直都在积极努力地生活着，就不要在乎别人说你这是过着“一眼望到底的生活”。很多人之所以这样说，是想你赶快离开本职工作，这样他们少了竞争，好多多享受福利待遇。

年轻的你，别太天真了，有一份工作不容易，就像我的编辑朋友杨姑娘那样，有一份稳定的工作更不容易，别去信别人说的，“你做的工作就是太安逸了”，别人又不是你，怎么知道你安不安逸呢？更何况，如果你真的觉得工作比较清闲，像我之前说的，你可以给自己找来很多事情做，就看你愿不愿意。反正，当你因为“一眼望到底的生活”感到迷茫时，请想想你过自己喜欢的生活时，需要人民币作为你任性的资本。

3

我问过我妈，我说像你这样都五十来岁的人了，会不会迷茫。我妈想了想回答我说：“会啊，有时候想着退休工资会不会一下子涨很多，腰椎不好又不能去打工导致收入太低了，更担心你的工作与未来。”你看吧，我和你一样，十几岁时迷茫，二十几岁时也迷茫，到现在，像我妈50岁了还是照样迷茫，这就说明一个人每个年龄段都会有自己的迷茫，关键看你如何对待。

人为什么会迷茫呢？这个问题我迷茫时问过自己无数遍，但还是没有答案。后来与朋友聊天时谈到了迷茫，发现我们每个人都曾经历过迷茫，现在正经历着迷茫，将来还会面对迷茫。有迷茫，说明你开始醒悟了，开始为未来担心了，开始想着要改变自己提升自己了，换个角度想想这其实还是一件好事情呢，说明你长大了，不再是当年那个毛头小子或黄毛丫头了。

迷茫是青春该有的本色，迷茫的时候我也会去看一些八卦新闻，会发现原来明星也会像我们普通人一样，也会有事业上、爱情上、生活中的迷茫，我们这一点点的迷茫又算得了什么呢？

与其迷茫，不如繁忙，你看看一些明星发新闻通稿时说进入了迷茫期，一边又使劲接电视剧拍戏、代言广告赚钱，你肯定会说有钱赚还迷茫什么啊，如果我有钱，我肯定不会迷茫。明星们的迷茫不是因为钱，是因为事业。

当然，你我不是明星，只是一个普普通通的人，迷茫的时候，想想那些大明星都在忙碌着赚钱，你就不要迷茫了。给自己定一个小目标，然后行动起来，因为你横竖都得咬紧牙关为生活得更好努力赚钱啊。

迷茫是一个很正常的状态，它只是提醒你走累了，要休息一下思考思考未来的发展方向，别总是低头奔跑，也要抬头看看环境变化。迷茫不可怕，就怕你迷茫的时候还虚度时光。

青春成长路途中，每个人都有不同的迷茫需要面对、需要解决。当迷茫出现时，你要做的不是逃避也不是放纵自己，而是使劲地掐自己一下，告诉自己不要陷入迷茫，要调节好自己。

没有钱包的充实，哪来旅行的任性

1

一个正在读大二的姑娘果果跟我哭诉，她说自己不就是想要来一场说走就走的旅行嘛，为什么家人不但不支持她，反而数落了她一顿，于是她找到了我求安慰。

听完果果说明了前因后果，我说你家人批评得好，你家人花钱是让你读书学知识、学本领，不是让你去攀，更不是在父母还在为生活苟且时，你却耀武扬威地宣扬着青春就该说走就走。拜托你看看你口袋里的钱是谁给的。

果果听见我这样说，又给我举例说她身边的同学放假时都会到处旅行，拍很多美丽的照片，她也想去。而且，她又不是单纯旅行，她也会写一些旅途上的见闻，拍些当地的风土人情照片晒在自己的博客上，更会给杂志投稿赚回旅途上的路费，为什么她的父母不支持她呢。

我叫果果把她的博客地址发给我，我去看了后，就四百多个关注，微博也只有两百多个粉丝，而且，她的文字风格也不符合当下图书市场。我给她提出几点意见，她又满不在乎地说她相信自己写的游记能够打动编辑。

拜托，你写的游记要打动的不是编辑，是读者，更何况，你确定你出门玩一圈回来后，拍的照片与写的游记给杂志投稿，就真的能通过吗？

告诉你一个残酷的真相，现在很多杂志都是找有名气的作者约稿，你一个在网络上既没多少粉丝也没发过文章的新人就别白费力气了，与其总想着出门旅行，不如修炼好自己的本领。既然擅长写文章、拍照片，那就写一些如何拍照片的文章分享在人气比较旺的网站，先积累关注度，等到编辑找到你约稿后，赚到了稿费再去旅行，别把明天的钱透支了，因为你很可能还不起。

她听我这样说完后，又不满意地说："现在不是提倡大学生应该多出去走动走动拓展视野嘛，这样既能交朋友，也能丰富阅历。”你想拓展视野没错，你想“穷游”也没错，前提是你有资本、有经验，而不是冲动做事。

别总把“说走就走”当真性情，也别把“活出自己”当了不起。当你有资本时任何时候都能做自己喜欢的事；没有资本时就请踏踏实实地努力，别用你父母辛苦挣来的钱到处玩乐，以此满足自己的虚荣心。这一点都没什么了不起，相反还很败家。

更何况，现在不流行说走就走的旅行了，现在流行搭“飞的”去国外喝下午茶，晒精致的照片。朋友，你羡慕吗？其实我也很羡慕，但我更知道羡慕没用，有用的是羡慕过后立马做好自己该做的事情，默默奋斗。我们可以羡慕一下下，然后再把羡慕与嫉妒转化为刺激自己努力的动力，但别栽进羡慕的沼泽里，毕竟适当的羡慕才使人进步。

对于没有钱的你，与其告诉自己一万遍“身体和灵魂，总有一个在路上”，不如继续把身体和灵魂留在家里多看几本书。如果你喜欢阅读与写作，那就多看书吧，读了万卷书后，再去把心得写出来发在网上，有了稿费后，自然有行万里路的资本。当你没有钱时，我劝你还是少谈诗和远方，少给自己灌输说走就走的思想，多照照镜子，多看看银行卡余额。

如果你总是很浮躁，总是忍不住想发朋友圈说你要来一场说走就走的旅行，你要去丽江，去离“天堂”最近的地方洗涤浮躁的心灵，我劝你不如加油学习拿奖学金或者打一份工，这些能够赚钱的行为比你只幻想好很多。

当你没钱又没资本时，丽江对你来说比唐僧师徒西天取经的路程还遥远。大学生们，先安安静静地默默努力不好吗？先去努力赚钱蓄积资本，有资本时再去谈旅行，没资本时就别说，要不然讨厌你的人会故意嘲讽你。

2

“五一”劳动节时，两个多月没见的吴玥发信息问我出门旅游了吗，我说我才不去凑人多的热闹，就待在家里看几本书，等空闲时再出门旅游。我问她怎么两个多月没见面了，都在忙什么，吴玥告诉我，她忙着工作上的事，想等到十月份天气凉爽后几个朋友一起出门玩。

在朋友圈里，吴玥是一个该工作时就埋头工作，该玩乐时就敞开了玩的乐观女孩。她的价值观念是，旅行是对自己工作之余的犒劳，如果自己在工作上完成了某个任务，或者得到了某个奖励等，她都会给自己来一场说走就走的旅行。

工作时的她，像一个拼命女郎，那气势、那姿态完全不输给男人。公司里的一些同事问她为什么工作那么卖力，吴玥总是笑着回答说她就想给自己多累积一些资本去做自己喜欢的事情。没有资本的时候，她从不慌张，也不羡慕别人的资本，她只管努力，并且拼命努力，因为她想要的只有靠努力才能争取，靠脸靠外在都只是昙花一现，不会长久。

吴玥理想中的生活很简单，进入管理层，然后和一个自己喜欢的人结婚，将来有资本后甚至创业也行。吴玥不管生活与工作有多忙碌，她都会给自己安排一年不少于三次的旅行。在她看来，旅行是让生活开启一个新的篇章，让自己换一个方式与生活相处。

每当她把自己的旅行计划说出口时，总有人会问："她你要上班有时间吗？"她总是不屑地反驳对方："我能超前完成自己的工作任务，不但有时间，还有丰厚的工资支撑我去旅行。"我觉得她这样反驳别人的口吻特别帅，谁说女人工作了就没时间？关键看你的心态和你有没有资本。

旅行的意义是什么呢？它不是鼓励你辞职旅行、休学旅行，更不是让你在一无所有的情况下就去开拓你的诗和远方，而是你靠自己的能力赚到了足够多的钱，可以让你玩得开心，旅行回来后也依然有一份好的工作在等着你，而不会因没有工作而发愁。

世界很大，的确值得你去看看，如果再有自己喜欢的人陪伴那就再好不过了。但是，看世界的前提是兜里有钱，手机有电，车里有油，如果还没具备这样的条件，不妨先认真在自己居住的城市默默打拼蓄积资本，然后再出发。

3

总有人跟我抱怨说“我真羡慕某某，你看看她怎么那么好命呢，工作轻松，又有时间去旅行，哪像我”。是啊，有些人在高中时就对自己说，高三毕业后要来一场毕业旅行，于是等到高考完了，因为高考成绩的不理想，耽搁了；读大学后，说要和朋友去旅行，结果最后朋友们都说算了吧，没钱，也只好算了；毕业后，刚参加工作，想去旅行增长见识，但又想着房租与水电费，还有生活费开销很大，还是算了吧。

仔细想想，这些无数个“算了吧”其实也是一件好事，至少克制了你的冲动与任性，至少一直都在告诉你要努力才能有钱去旅行，而且旅行回来后也不会为柴米油盐的生活发愁。如果你不努力工作、不努力学习，那么你用着父母给你的钱去旅行，你觉得踏实吗？

生活中还有一种人，总是心情不好时想去旅行，被领导批评了想去旅行，跟父母吵架了想去旅行，分手了想去旅行。你想去旅行这些都没问题，关键是，你旅行的钱从哪儿来呢？再说了，旅行又不能够“包治百病”，你现在没法解决的问题与烦恼，就算你旅行回来后还是无法解决，甚至会越积越多，让你更加苦恼。

很多人羡慕那些动不动就旅行的人，抱怨自己有钱时没时间，有时间时又没钱。殊不知，你可能忽略了这一点，在职场中，恰好是那些职位越高、个人能力越强的人，他们动不动就到处旅行，动不动就去国外出差的时候也顺便玩了一趟。因为他们不会为了特价机票在凌晨坐飞机，他们有资本与能力支付自己的旅行费用，这既帮他们节约了时间，也节约了精力。

当你感到困难、烦闷、压抑时，别动不动就用旅行来逃避，旅行不能帮你解决问题，它只能做到暂时缓解你浮躁的心。你不好好努力工作，却把大把时间耗费在多久后辞职去旅行这个问题上，活该别人过得比你好。

你想去旅行，想去放松自己，想去开阔眼界，这些不是重点，重点是你拿什么资本去旅行，你有没有为自己想要去旅行的目标努力过，你旅行回来后能不能更好地为生活努力。所以，别总拿父母的钱去旅行，你什么样子大家都清楚，只是看透不说破而已。

二十出头时，面对前路请用力奔跑

1

当我们无法与那些资质优越，甚至含着金钥匙出生的人拼起点时，二十几岁的我们，可以拼这个年龄段不服输的劲儿，可以拼努力奋斗的心，可以拼永不言弃的力量。

有一段时间，网络上铺天盖地地都在说高房价。身边的一个朋友小军也着急自己赚钱的速度太慢，担心买不起房子，每次与他聊天时，他都在纠结这个问题。

小军出生在一个普通的家庭，父母没有稳定工作，只靠打零工生活，家里有一个妹妹在读大学，他自己则在医药公司工作。

因为不甘心一辈子都蜗居在老居民楼里，生活中的小军很拼，按照他所说的话就是，如果为了理想中的生活打拼感到辛苦劳累，倒不如别去拼，那样还舒服自在。既然不甘心继续过着底层生活，不甘心一辈子都买不起房子，那么就必须以豁出去的态度努力。

小军的努力，我看在眼里。他有驾照会开车，所以想尽办法联系代驾服务；周末不上班时，他会做两份零工；工作中，他超额完成任务，只想多获得奖励，快些得到晋升。

我告诉小军，现在你刚和女朋友认识，在还没有足够的资金储备与退路时，先不用着急买房，至少你一直都在努力奋斗，这个姿态就很好。然而，小军仍旧着急，仍旧担心自己努力的速度赶不上房价上涨的速度。

我对他说，在我们这个小城市，房价不会上涨得太快，我说你还来得及，我们都还来得及，因为二十几岁的我们，并没有被房价压倒，相反一直都在努力，因为多努力可以让自己充满底气地对生活说一句：你尽管放马过来，我见招拆招。

对于房子而言，我们真的不用把它看成是必须完成的“任务”，换一种心态对待，或许努力过后，一切都会水到渠成。如果你只知道抱怨房价高，抱怨不公平，而不去努力，只是怨天尤人，那么成功只会离你越来越远。

2

薇薇说，作为一个待嫁女人，她那么努力，只不过是想在生活对她发出狠招时，她有资本去抵挡。

最近一段时间，薇薇总是自告奋勇地向领导提出加班申请，原因只有一个，她只想与男友一起努力赚钱，争取今年内首付买房。

薇薇和我说她与男友看好的那套房源时，目光里闪烁着对未来生活的希望。因为她和男友的家庭都无法全款支撑两人买新房，她也不想让男友独自一人承担买房的压力，因此她愿意陪男友吃苦，因为男友并不是那种因高房价而不去努力打拼的人；相反，正是因为贫穷，反而激起了他们去努力的心。

有时候，会看见薇薇在深夜里发朋友圈说："感谢努力的自己，今天写了两篇稿子，又离梦想近了一些。"薇薇目前在一家网站做编辑工作，业余时间也会给一些杂志媒体写稿或者给客户写软文赚钱。

作为一个女孩子，她并不想攀附别人成长，她只想活得努力且独立一些，拥有应对生活变故的本领与招数。

有一次，我问薇薇说：“有没有哪一件事情，让你感到很艰难，觉得快要扛不下去了？”她笑笑说：“最艰难、贫穷的岁月都已经过去了，既然没有人给自己买公主裙，那就做自己的女王，自己努力赚钱给自己买公主裙。如果非要说感到艰难的某一刻，那便是好几次晚上睡觉时，我突然抱着男友号啕大哭，我怕自己与男友那么拼命努力，结果还是在我们这儿买不了房，即便买房以后，也没有足够的钱还房贷。”

她的焦虑，我也懂，但是二十几岁不就是这样吗？一边焦虑，一边提灯前行。谁都不知道前方会发生什么，唯有一边大步往前走一边修炼好自己，方有资本面对路上出现的风雨坎坷。

每个年龄段都有不同的压力与焦虑，但这才是真实的生活，有了痛才知道鞭策自己去努力奋斗，有了梦想才让你咬紧牙关去克服困难。只要你树立了自己的目标，抱着积极乐观的心态去努力，说不定，房子会成为老天给你的奖励。

在我看来，薇薇并不是想去与男友分高低、比输赢，她只想在别人问她多久买房结婚时，可以骄傲地说：“我和男友共同赚钱买房结婚，我既能给男友小家碧玉的温柔，也能给他拼搏奋斗的信心。”

3

如果你问我，贫穷带给了我什么。我会斩钉截铁地告诉你，贫穷既让我学会奋不顾身地努力，也让我懂得了一个道理——穷只有被动等着别人安排命运。

如果你再问我，努力过后得不到很大收获，只是乐观且努力地继续穷着，那么，为什么把买房视为努力奋斗的目标。

很多人都在努力，只是有些人会因为房价太高半途而废，于是，他们选择老老实实过生活。有些人并不安分，他们只管在今天埋头努力，而不是忧虑明天，因为谁都无法掌控明天的生活，但是我们今天的努力，可以影响明天的生活。

我把买房视为努力奋斗的目的，只是不想像大多数男人那般，在二十几岁原本热血沸腾的年纪，只知道整天窝在网吧里，一边打着游戏一边叼着烟，与身边的人抱怨房价高，抱怨现在娶媳妇不容易，抱怨女人势利眼，然后，继续关心游戏里的装备与等级，而不关心现实生活里的柴米油盐。

这个世界有时候真的很不完美，甚至很残酷，但如果我们因为它的不完美选择得过且过，选择安于现状，因为它的残酷而选择顺从，选择等待命运的安排，那么，青春对于我们而言毫无意义。

我能从一个一无所有的穷孩子成长为现在的写作者，这一切都来源于我骨子里那股不向现实低头的劲儿。我10岁时，父亲去世，而后一直与母亲居住在父亲生前的单位宿舍楼里，我们在走廊做饭，没有独立的卫生间，只有老旧的公厕，而且到了梅雨季节家里还会非常潮湿。

曾经的我非常自卑，从来都不敢让别的同学到我家玩，我害怕他们知道我家不仅住在老旧的宿舍楼里，而且房子还是租的，因为那时候的我并没有资本去面对外界的眼光。

直到后来，从我读大学起，尤其是我从20岁起就暗暗告诉自己，我一定要努力，一定要买房子让母亲有一个好的住所，让她安享晚年。那时候的我只有一心一意咬紧牙关努力，并没有去考虑房价会一直上涨而买不起。幸运的是，通过这些年的努力，在无爹可拼的时候，我完完全全靠自己买了属于自己的房子。

成长不会因为你的抱怨而对你怜香惜玉，任何环境、年龄，都有我们需要去面对的困厄。抱怨并不会解决问题，你只有去努力，去征服，才有机会反败为胜，至少努力会加快你获得胜利的机会。

如果你问我当房价居高不下时，我们一辈子的打拼就是为了一套房吗？不一定。

此时此刻的你在拼搏奋斗的路上，不妨把买房当成“意外惊喜”，因为当你在努力时，你收获的不仅仅是视野的开阔与知识的丰富，还有品格的提升以及经验的积累，因为聚沙成塔的积累比妄图一步登天的成功更让你踏实。

在奋斗的路上，你我都一样，没有什么天生好运，只有低头拼命。你看看我，一个被生活欺负过的人都依旧在为生活努力奋斗，依旧相信在普普通通的日子里坚持着，总会得到时间回馈的大礼包。

年轻的我们无论是在大城市还是在小城市，都不要被所谓的高房价压垮，也不要被生活打败，更不要因为自己出身卑微、家庭贫困、担心努力得不到收获等种种原因而不去努力。你的未来会变成怎样，取决于你现在以什么状态生活。

别总是说担心前途渺茫，担心未来过上自己不喜欢的生活，说真的，你所谓的担心，无非因为你没有为理想中的生活付出过努力，没有底气而已。希望下次听见你和我说，纠结要不要买第二套房子这样的话。

当你又懒还不上进时，世界只会加倍惩罚你

1

朋友贝贝告诉我，她有一个同事小兵，就是传说中那种天塌下来再说的人。

他的口头禅是“今朝有酒今朝醉，明日愁来明日愁”，他做什么事都不着急，尤其是在工作这一块。他总喜欢说为什么别人这个月的工资比他多一些，为什么这个人能去培训学习，为什么这个人能够拿到专业证书。有时听多了他的为什么以及光说不做的大道理，贝贝直接回复小兵说因为别人比你努力，你呢，忙完工作就开始玩游戏，别人忙着整理资

料做表格，你忙着偷懒睡觉等着下班。

小兵毕业于湖北的某所大学。贝贝刚去上班时，小兵和贝贝说过他在大学里的辉煌历史。那时候的小兵给贝贝的印象就是话不多，做事情也靠谱，然而接触一个月后他发现，小兵其实是一个喜欢喊口号却很少付出行动的人。

听小兵说，他在大学里是社团的骨干分子，所以有很多社会实践的经历，他一边跟贝贝说一边给贝贝看他QQ空间里的照片。读大学那会儿，大概是年轻气盛，拼劲十足，所以小兵特别卖力地学习与工作，辅导员老师不仅看好他，就连他自己也对自己的未来信心满满。

平日里课程不多时，小兵会带领着自己的小分队去做志愿者，甚至小兵的事迹还上过学校的校报，反正他们社团的同学都挺佩服他的，因为他能够说做就做，执行力强。时间久了，小兵就得到了一些荣誉，这些荣誉的获得让他越来越相信“越努力，越幸运”的道理。

后来，小兵在大学里谈了一个女朋友，这个女生和小兵一样，都来自小城市，自然是吃得了苦的人，两人就这样一起在大学里打拼着，大学毕业后两人还在一起。现实终究是残酷的，因为是异地恋，小兵觉得不能亏待女孩子，便与女生提出和平分手，女生也答应了，两人算是好聚好散吧。反正小兵给贝贝说他的“过去史”时听得贝贝很感动，可是贝贝与他接触一段时间后万万没想到工作后的他与大学时的他完全是两个样子。

上班后的他工作不积极，每次开会都不带纸笔，以至于被领导批评后又给贝贝传递负能量说他不想做这份工作了，他想辞职去考公务员。

他忙完工作没事情做时，总会拿贝贝开玩笑，说她“自讨苦吃”，像他多清闲快乐；他跟贝贝说他在追一个女生，可是对方没答应，他就埋怨说女人很现实，嫌弃他什么都没有。

听他谈到感情方面时，贝贝就补充一句说你并不是一无所有，你还有能言善辩的嘴巴。小兵听贝贝这样说完，没作声，他知道这是挖苦他，因为他总是为自己的懒惰找理由。

由于小兵的工作内容很少，每当大家都在忙于工作时，他一个人悠闲地看着电视，看完电视后就来到贝贝旁边让贝贝鼓励鼓励他，或者分一些工作任务给他做。贝贝说：“我也想鼓励你，让你帮着完成工作，可是你做事情一点都不细心，还是三分钟热度，更是嘴上说得好听，实际上根本没有付出过行动，不知道当年读大学的你那股子拼劲到哪儿去了，很怀疑当年你的辉煌历史都是瞎编的。”

偶尔，小兵也爱跟贝贝抱怨说领导不重视他，只安排他做一些非常简单的工作内容。这让他感觉自己不是公司的一分子。贝贝说："你想让领导重视你，可是你有认真且出色地完成过工作吗？你有给领导说过你的想法吗？你只会给自己的不上进与懒惰找无数个理由。"

当你为自己找的借口多了，慢慢地，你就会认为不努力很舒服，努力是在自讨苦吃。你要是有这样的心态，你就不要问为什么别人能够升职加薪，为什么别人能够吃香的喝辣的，为什么别人能够出国旅行，你却不行。

当你懒惰的时候，世界会让你目睹别人是如何通过努力一步步过上自己理想中的生活。不要再以平淡是真来安慰自己的贫穷了，你想过平淡的生活，也要有资本来应对生活的变化啊！没有资本，你拿什么谈平淡？

2

某工科男给我留言说，他学的这专业让他感到迷茫，担心将来大学毕业了不好找工作，考公务员更是难上加难。我说，那你现在可以发展自己的爱好，把爱好打造成技能呀。工科男没过多久，又发来一大堆内容跟我诉苦。

他说大学里不公平的现象太多了，他学的虽是理科，但爱好写作，平时会看一些文史哲类的书籍，当然，对于时下的畅销书也有阅读。他说上次参加学校举行的应用文写作比赛，结果没有入围，他觉得老师有意偏袒，就去找老师理论，老师说他的文采的确很普通，甚至不怎么样，工科男受到很大的打击，便不再写文章了。

自此之后，工科男做什么事情都打不起精神，他觉得自己既然不是一块好料子，那不如“颓丧”下去吧。于是，除了平日里完成学业外，他不再看课外书，也不再看外国电影，每天无所事事地打游戏、看网络小说，以至于能够拿到的奖学金，最后也没拿到手。反正工科男觉得全世界好像都欠他似的，对他一点儿都不好，所以他不想努力，他想像个小孩子一样颓丧下去，等着世界来哄他、安慰他。

我回复他说：“兄弟你真的想得太天真了，想象力那么丰富，为什么不继续试着写科幻小说呢？毕竟你有缜密的逻辑思维。”他还是回复说：“不想写，对爱好感到失望，对专业也感到失望。听他这样说，我知道安慰没用，那只能激怒他。”

于是，我对他说了各种狠话，最后他有听进去一些，我也没白费口舌。说实话，你认为你做好了准备去参加活动，如果失败了，这没关系，只是多给你一个考验，让你看见自己的不足而已。如果你因此一蹶不振，然后给负能量找诸多理由，你只会越来越退步，越来越迷茫，因为颓废、消沉、懒惰会让你丧失斗志，因为你没去奋斗过，就不会得到收获，只会不断地抱怨、气愤。相反，如果你一直都在努力，这世界就会犒赏你的努力，给你带来源源不断的好运，让你活得强大。

哥们儿，当你的同学叫你去参加同学聚会时，你难道不想开着宝马去，让自己看起来体面些吗？当你的女友陪着你一起打拼时，你难道不想给她一个更美好的生活吗？当你的竞争对手在努力时，你难道只是眼巴巴地看着别人的辉煌吗？

姑娘，当你看着其他女孩子凭着自己的努力飞到法国喝下午茶时，你难道不心动吗？当你看着GUCCI出新款包包时，你难道不想买买买吗？当家人向你催婚时，你难道不想亮出银行存款告诉他们你一个人也能过得很好吗？当你看见自己仰慕已久的男神被一个没你好看的女孩子追求时，你难道不想把男神夺回自己的身边吗？

你年纪轻轻，本应该去大展身手，为何要在家里吃泡面、打游戏、追剧过一天呢？你说你这是享受生活，我说你这是虚度时光，生活已经悄悄对你动手了，你却不知道。你看你的肥胖、没出息、懒惰、脸上的痘等，这些都是生活对你的惩罚，你却还认为这是青春期的正常现象。拜托，你都二十几岁的人了，别再说自己还在青春期，等你发现时间很宝贵才来后悔时，那你早干什么去了？

3

生活中有很多人都喜欢做白日梦，而且这种人编织的梦特别美好。他们认为在大学里就算不去努力也照样能够拿到毕业证，大学毕业后照样能够找到一份工作，等到工作后照样能够领工资，然后美滋滋地去谈个恋爱再结婚。

你说的是这样没错，但你在大学里不努力，如果你挂科了会耽搁你毕业；你没有一张资格证书与荣誉证书会影响你找工作；你工作上不积极、不努力会影响你的工资；你工资的高低会影响你恋爱的质量，甚至婚姻的质量。

所以说，生活是很公平的，当你努力的时候，它会助你一臂之力，给你带来各种好运与光环，让你越来越了不起，让你得到更多更大的收获。可是，当你不努力并且不上进时，生活只会折磨你，带给你嫉妒、堕落、颓废这些坏情绪，让你知道不努力就得受到惩罚。

你要记住，当你足够强大时，生活才会弯腰迁就你。当你不够厉害时，哪儿凉快待哪儿去。

PART 4

这世上
没有平白无故的成功

能力不足时就别怨社会现实，只怨你明知能力不足还不去改变。相信看完本篇文章的你，该知道怎样提升自己了。

你努力的程度
影响你人脉的质量

某次聚会，前工作单位的同事带来的朋友亮哥，一直眉飞色舞地炫耀自己采访过某某大腕，他绘声绘色讲述的样子演技十足，就差导演找他拍戏并且给他颁发奥斯卡奖项。

亮哥三十岁出头，是一名有资历的记者，仗着是哥字辈的人倚老卖老，又不是工作场合，就普通朋友之间互相介绍有意思的朋友认识，用得着摆出一副我资历深我最有发言权的样子嘛。做给谁看呢，你又不是人民币，没几个人喜欢你，只关心你现在是谁。

那天聚会时，亮哥一直变着法地自我夸奖说自己凭着文风干净、文笔精练、角度新颖、略带犀利的语言得到很多领导赏识，有人点明要他写专访，但他回绝了。他说记者也要有一点新闻素养，要写有深度的报道，不要因为人情关系就出卖自己，要把文笔发挥在该发挥的地方。

亮哥自我感觉良好地说着时，我们几个小年轻就在微信上私聊，说这个人也太自以为是了吧，谁愿意听他说这些，认识名人大腕就了不起啊，充其量是别人看他是记者，手机里存着他的手机号码方便以后拜托他写新闻稿。如果他不是记者，谁愿搭理他呢？

当时，几个朋友小声议论着。看见亮哥的显摆，我也想起自己刚刚大学毕业参加工作时，也曾心急火燎地忙着提升人脉，那种样子就像是有人欠了我的钱，我到处去问别人“你认识某某吗”或者“某某好厉害呀，能不能介绍给我认识认识”“聚会能不能带上我呢，我吃得少话不多，只想多认识朋友方便以后开展工作”。你看，那个时候的我功利又虚荣，总想着怎样才能巴结大腕、认识名人，怎样才能给领导写新闻稿。为了结交优质人脉，我还在百度查“如何认识名人”这样的问题。

悲催的是，某一次同事用我电脑传文件时，发现我网页收藏夹里保存的那些拓展人脉的方法窍门，他用不屑又冰冷的眼光看了我一眼，那目光里好似藏有辣椒水，害我好一阵子都不敢和他接触，因为他发现了我的秘密。

又有一次和同行在一起吃饭，之前发现我秘密的同事也在，我尽量低着头不去看他。这时他给大家说了一个笑话，他说某次他去采访，一个人想巴结他，就一直跟他说好话，甚至上网查询如何接近高冷的人，结果他告诉对方，想多交朋友，还得看自己几斤几两，别瘦得像猴子一样还要打肿脸去充熊猫。

他说完逗得全场大笑，只有我听得无地自容，我知道他在含沙射影地说我。后来，我又认真问过自己，那么功利地想要去结交名人，想去认识厉害的人物，就算有了与别人一起吃饭交流的机会，别人也未必想来认识我，因为我什么都不是！

盲目混圈不代表你就能进入比你身份高级的圈子里，你在圈子里认识的人也未必会成为你的人脉，毕竟别人穿得华丽，你穿得穷酸，谁愿意认识你呢？你以为你是周星驰扮演的武功盖世的苏乞儿吗？与其想融入高级的圈子，不如提升自己的实力，等你实力提升了，你就是一个圈子，大家都会围拢过来以你为中心。

和我一样，朋友蓉蓉曾经也忙着打造人脉，却忽略了打造人脉的实质是先打造自己。蓉蓉说她看见吴晓波写过一句话“再穷也要站在富人堆里”，就因为这句话，蓉蓉刚刚进入公司上班时，就谋划着怎样才能扎进富人堆里。

她去知乎提问，都是些“普通人如何认识富人、如何找到有钱的男友、有钱人喜欢去哪儿玩、有钱人会不会扮演普通人考验女孩子的真心”等非常白痴的问题，这些问题发出去后，都只是两三个人回答。

蓉蓉不甘心，又去百度查找这方面的问题，果然找到了一些蛛丝马迹。别人叫她通过社交软件“附近的人”仔细观察谁是潜力股，再去网上买仿版香奈儿包包，把自己打扮得看起来很“贵气”的样子，多参加朋友聚会，多通过朋友认识朋友，把这些人按照高矮胖瘦美丑分门别类，然后再逐个挖掘。

听见蓉蓉这样说起曾经傻里傻气的往事，我说你太笨了，这样做你认识的也只是和你一样很虚伪的人。蓉蓉说对，幸亏后来她表姐发现了她的异常，就恶狠狠给她上了一堂“思想品德课”，说她就算觉得自己漂亮又如何，找到有钱的男友又如何，那种嫁给有钱人还是过得不好管不住自己老公的女人太多了，你想当花瓶，还得肚子里有些墨水，要情商高！蓉蓉的表姐简直是太威武霸气了，说得蓉蓉哑口无言，也让她有所启发，提升自己比忙着提升人脉更重要。

很多人想着要去结交很厉害的人物，为什么你自己不能成为很厉害优秀的人物，让别人来结交你呢？后来的蓉蓉不再忙着去参加那种乌烟瘴气的聚会，也不再想着如何认识厉害的人物，她想着只有当自己变优秀时，那些厉害的人物才愿意主动找她交流，因为自己身上说不定也有别人想要合作的地方呢。

人脉不是说你认识了多少人，而是当别人听了你的名字后愿不愿意帮助你。没有实力，没有荣誉，没有背景，更没有经历，谁愿意与你进行有效价值的人脉交换呢？别说世界残酷，世界有时候明码标价，谁都希望强强合作达到更好的局面，没人愿意和一个什么都没有的人合作，这不仅仅因为对方价值小，更关乎眼界、平台、情商等。

我又想起另外一个故事。朋友圈里的一个女生很喜欢炫耀她每天的饭局、豪车、合影照，当然还有她故意露出大大logo的爱马仕包包。这个女生就像是花花蝴蝶一样，每天到处飞往不同的场合，晒不同的照片，关键一点，这个女生还特别喜欢在我们朋友群里面发信息，说她被一个富二代追，但她没答应，觉得富二代都是花花公子、纨绔子弟，她喜欢那种有上进心、重事业的男人。

她很喜欢描述自己有多么了不起，认识很多厉害的人物，我们呢，也只是表面上配合她的演出，发出“哇噻，你好棒呀”“好羡慕你”这种赞叹。实际上，没几个朋友喜欢她，因为经常在群里面我们正聊得开心时，她发上一张酒会照片，然后发一个笑脸表情，她以为能够吸引我们的注意，结果没人搭理她，大家继续聊自己的。其实，要不是碍于这个女生和群主认识，我们早就让群主将她踢出群了。

都二十几岁的人了，还整天以参加饭局、舞会、酒吧、KTV这些场合为骄傲、为了不起，殊不知，你那根本不是厉害，只是在混日子而已。而且，什么都没有的你，只有一张好看的脸蛋，也只是陪衬的花瓶，大咖与你合影是觉得你长相好看，不是因为你的真才实学。你看吧，像我朋友圈里的那个女生，现在只知道参加舞会，而不是忙着参加培训班充实自己、提升自己，等到有一天长相过期了，她还能靠脸吃饭吗？

决定你最终能够和谁共干大事，或者那些厉害人物找你帮忙办事，不是靠你的脸蛋，而是靠你的才能与实力。你不努力提升自己变厉害，优秀的人物怎么会发现你呢，更别谈与你合作或者带给你他身边优质的人脉资源了。厉害的人物都很忙，而且他们的视线要么往前看，要么往上看，没人会朝下看。普普通通的你，只有沉住气踏踏实实地努力打造自己，才有机会吸引别人的关注。

另外，所谓的人脉也不是说有事情麻烦你，然后我欠你一个人情，你想得太天真了！人脉就是我有金银，你有没有珠宝和我进行对等交换，如果没有，那就无法产生有价值的交换。当然了，人脉和交朋友不一样，人脉产生利益与共赢关系，朋友产生真情。

现在的我不再热衷于混圈子，也不热衷于勾搭比我厉害的人，我只把时间与力气都用来提升自己、建设自己，我相信当我手握金银，自然会有手握珠宝的人与我交朋友，因为这是一场旗鼓相当对等利益的结交。

如果你还在读大学，只要你努力学好专业知识，在自己的专业领域或者兴趣爱好方面做出成绩，你想要的人脉自然会到来。如果你刚刚踏入社会，与其总是沉迷于各种微信群里勾搭厉害人物，沉迷于参加各种聚会认识比你厉害的人，不如多花些时间来提升工作能力，多看书、多学习、多锻炼，少打游戏、少幻想。

远离那些总说
“你不行”的人

你读小学时，第一次学着做家务，因为洗碗打碎了盘子，家里的长辈们便说：“怎么这点小事都做不好，你看看隔壁王阿姨家的女儿，啥都做得井井有条。”

你读初中时，在一次班会上，老师问你的梦想是什么，你自信满满地说你将来想当一名帅气的警察或者自由自在的作家，结果全班同学都笑了，有同学小声议论着你资质不行。

你读高中时，朋友问你想考什么大学，你摸摸脑袋害羞地说尽量往北上广那边考，朋友听了后扑哧一笑说：“竞争那么激烈，你不行的！更何况那些比你有背景的人，也想考北上广啊！”

你参加工作后，想考研或者考资格证书，同事听见后说：“那么大年纪就别折腾了，每个月能拿工资凑合生活就行了，这些你不行的。”

从小到大，“你不行”三个字像一句魔咒，只要有人说出这句话，原本我们可以做好的事情，都会做得很糟糕，甚至做得一塌糊涂，然后那些说“你不行”的人又一副猜中结局的样子说：“看吧，就说你不行还不听我的话。”朋友小艺子就是一个因为别人说“你不行”而真的不行的人，每当有人对她说“你不行”时，她原本想去完成的事情与梦想，都不敢做了。

这几天，总是看见小艺子发朋友圈抱怨，我打电话约她出来喝喝奶茶，顺便问她怎么了。她倒是叽里呱啦地说了很多，重点就一个，为什么身边总是有一些人喜欢说“你不行”，总是见不得你变得更好。

小艺子告诉我，上个月她想去参加全市举行的一个演讲比赛，但医院里的同事都说她个子太矮了，不行的，那些演讲比赛都要选拔个子高还漂亮的女生。同事们虽然是委婉地对小艺子说这句话，但她还是有点难过，因为她觉得自己有信心拿到名次。正是因为同事们这样说了后，她又不敢了，结果错过了报名机会，等到最后才发现那些获得奖项的人，其实也有长得一般的，毕竟这又不是选美比赛，只看综合素养。

又有一次，小艺子发朋友圈说，她想利用下班之后的时间去舞蹈班上课，毕竟高中时候的她学过一段时间的舞蹈，现在想重拾爱好，既可以丰富业余生活，也可以保持身材。

结果没一会儿，就有一些人评论说，“我每天下班后睡觉的时间都不够，你却想去报舞蹈班”“再过几年都奔三的人了，你的身子骨经不起你折腾”“现在成年人也可以报舞蹈班了？”总之，这些评论都说她不行，劝小艺子放弃。听见旁人的声音，小艺子又动摇了，于是迟迟没有做决定。

大家都说女生缺乏主见，但像小艺子这种很没主见的女生，我早已习惯了。她向我诉说烦恼，我说我不是医生，不能给你灵丹妙药，我就想问你，那些说你不行的人都长得如何。

她给我看了看他们照片，有男有女。我说这些人都没你长得好看，而且那些女生也没你会穿衣打扮，为什么会因为他们说的“你不行”而不敢去做呢？如果我像你那么好看，我不仅敢做，更要做得轰轰烈烈，让每个人都知道我在做的事情多么伟大美好。

别人都说脸好看不能当饭吃，但是当那些长得没你好看的人对你说“你不行”时，你一定不要认为自己不行，你可以怼回去说“我可能的确不行，因为我长得太好看了怕成为太耀眼的钻石闪着别人的眼睛”。朋友小艺子听见我这样说，也调整好了自己的心态，那些自讨苦吃的烦恼也都随着“哈哈哈哈”的笑声滚蛋了。

身边时常会有人和我说，“我也想像你一样写文章，但朋友都说我不是写文章的料，所以就没去做”“我也想努力工作，也有自己的计划、目标，但旁人总喜欢说我一辈子就这样了，让我无从下手。我想问你旁人说你不行，你就真的不行了？你试都没试怎么知道不行？更何况，就算你试了过后真的不行，至少你也比那些说“你不行”的人强，因为你敢做敢拼，他们呢，只敢躲在你背后说“你不行”，你做了之后，不仅能锻炼自己，还在努力的过程中得到品格的提升。

想起2016年在大学母校做分享会时，有好几个同学私下里都一直和我保持着联系，印象最深刻的当然是一个叫小强的男同学。之前的小强很奇怪，他每次想参加活动或者做决定之前，都会发QQ信息问我要不要去做。我说为什么自己的事情要别人做决定呢，他说害怕别人说了“你不行”后，自己又偏向虎山行，结果自不量力出了洋相会被笑话。

与小强交流的次数多了后，我发现，他是一个没有主见的男生，同时也缺乏自信。他喜欢写毛笔字，也喜欢写文章，不过都仅仅只是写给自己看，因为他不敢展示出来，他害怕别人说他写的毛笔字很差，更怕别人说他写的文章像小学生作文，一点儿阅读价值都没有。小强说，因为之前学校举办过应用文写作比赛，他很想报名去参加，结果室友都说他一个工程专业的学生想去写文章，别不自量力了，根本不是那块料。

于是呢，小强就放弃了，也很久都没有再提笔写文章，因为别人都说他不行，所以他缺乏鼓励与自信，就不敢再去尝试了。

我告诉小强，就是因为你有特长与爱好，才让那些对你说“你不行”的人嫉妒，因为他们什么都不行啊，毕竟大多数男生他们只顾着在手机上聊QQ泡妹，顾着排位赛，顾着今天游戏里得了多少经验等。如果有人说出了自己的梦想，这些人会异口同声地说“你不行”，因为他们不想别人散发光芒，这些人怕光芒会伤害到一事无成的他们。

在我的鼓励下，后来的小强抛开旁人的眼光，不再畏首畏尾，每当有人对他说“你不行”时，他会开玩笑说：“试过之后才知道行不行，万一成功了我请你吃大餐。”于是，他开始在学校贴吧里发帖展示自己的书法作品，也积极参加各类书画、写作比赛，通过一次又一次活动的参与，他慢慢变得有自信了，因为他结识了一群和他一样有梦想、有爱好的好朋友。

那些总喜欢摆出一副过来人姿态对你说“你不行”的人，喜欢宣扬着拼搏努力是不自量力的人，他们巴不得你和他们一样活得碌碌无为，巴不得你和他们一样是个没本事的人。对于这种人一定要远离，你不远离他，难道是要留着他来给你指导人生，巴望着他让你成为牛气哄哄的人？

以后，如果在生活中遇见有人对你说“你不行”，一定要怼回去，不蒸馒头争口气，更何况被不熟悉的人说“你不行”，简直是在侮辱自己。你怎么就知道我不行？

七大姑八大姨说你一个女孩子不要太拼时，说你在职场上不行时，你可以说：“没事，我不想活得跟有些女人一样，整天无所事事，只知道评论别人，却不照镜子多看看自己。”

公司或单位里的八卦大妈给你介绍相亲对象时，你客客气气说“不必了”，这时，如果她们说：“就你这样的就别挑三拣四的了，想找帅哥，你不行。”你可以露出蒙娜丽莎的微笑说：“我才二十几岁，还有时间变漂亮去找帅哥。”

如果你兴致勃勃和姐妹说你想去完成某个梦想时，然而她们故意做出被吓得假睫毛、假双眼皮都掉了的惊恐样子说“就你这样不行的，我看你是姐妹我才说实话”，你可以说“作为姐妹我也提前说句狠心的话，以后我发达了，你们可别穷兮兮地来投奔我。”

为什么别人说“你不行”时一定要怼回去？因为这是“噪声污染”，如果总有苍蝇在你耳边嗡嗡嗡，会影响你追逐梦想过程中的心态，也会扰乱你的思维，更会让你烦闷。

行不行，要行动了才知道，不要因为别人说了一句“你不行”就不敢去做，如果你不去做，你就会错过机会，至于那些说“你不行”的人，更不可能给你机会。

不要再拿别人说的话给自己打分，你如果因为旁人的一句“你不行”而否定自己，其实在敌人还没到达战场时，你就已经输了，也承认了自己的失败。那些通过努力后之所以能够得到收获的人，他们也不知道自己做了就一定能得到回报，只是他们不去信旁人说的“你不行”，他们只信自己，只信做了才知道行不行！

与其靠爱情取暖，不如自己绽放光芒

哥们儿大伟发信息问我：“是不是女人都很现实？”

大伟说他和女友在家里看《我的前半生》时，他突然问女友一句话，就因为这句话两人吵架了。

大伟问他女友：“如果我没钱又丑又胖又矮还笨，你会爱我一辈子吗？”大伟说他女友想都没想，直接说：“别在这里假如了，现在的你本来就没钱又丑又矮又笨，也马上快胖成猪了。”大伟听到女友这样说立马生气了，两个人原本好好地吃着零食看剧，现在也变成了赌气。

于是，大伟就发信息跟我吐槽，大伟的女友琳子则悄悄约我上街数落大伟的种种不是。作为中间人我真的非常尴尬，我不知道该帮谁，只能以事实说话了。

我告诉大伟，你的确很懒又不思进取，都上班好几年了也没见你做出什么成绩，还整天以“岁月静好”标榜自己，你那不是岁月静好，根本就是得过且过。我说比你更有钱的人都在努力，你又算老几？

大伟的家庭条件还过得去，前两年家里托关系找了一份体面的工作。他认为每个月有固定工资领着就行了，而且工作又轻松，自己也不差钱，为什么要没事找事做，他的梦想就是每天吃好玩好就行了。

说起来，大伟与她女友琳子在一起半年了，琳子好几次和我说过她想与大伟分手，因为她受不了大伟的不思进取，她觉得一个男人应该有抱负、有追求，不能安于现状，更不能得过且过。

更何况，现在大伟的工作又是合同工，还比不上女友呢，至少琳子自己凭本事考上了事业编。迟迟没分手的原因是大伟以及大伟的家人对琳子很好，这让琳子不忍心，但她又不愿意和一个不求上进的人结婚，她害怕过那种一眼望到头的无趣生活。

琳子的心情和大多数女孩子的心情一样，她们不怕男人穷，也不怕男人没本事，就怕男人把本事用在了抱怨上，把穷归咎于世界不公平，毕竟很多生活中的例子都告诉了我们“贫贱夫妻百事哀”。很多女孩子和你过日子，不是要求你立马买车买房买钻戒结婚，只希望你有上进心与事业心，而不是玩心。她们也想跟你共同奋斗，也想与你把家变得越来越好，就怕你认为穷人的努力没用，从而丧失了斗志。

男人们，并不是所有女孩子都见钱眼开，也有那种愿意陪你一起吃苦、一起奋斗的女孩子，但没有愿意陪你只知抱怨不求进步的女孩子。你要知道，如果你只拥有花钱能力却没有赚钱能力，那么将来家庭出现状况时，你拿什么让这个家转危为安？所以，男人一定要有挣钱的能力与本事，这不仅仅能给你带来好运，也会给你的家庭带来安全感。

在网上看见过一个新闻说，重庆的冯小姐原本在一家传媒公司上班，因为公司里复杂的人际网络与超强的工作压力把她压得喘不过气来，于是，她就回家跟她男友吐槽。冯小姐的男友听后二话不说，力挺自己的女友辞职，还说了世界上最好听的情话“我养你”。冯小姐听后心花怒放，就立马向公司提出辞职了。

冯小姐辞职后，他的男友也信守诺言，把自己的工资卡上交给了她。于是，冯小姐享受着不用上班的悠闲，每天就看看剧、逛逛街、做做家务。

某次逛街，冯小姐买了2000多元的护肤品，这让她的男友有些心疼。于是，冯小姐的男友让她节约用钱，可是冯小姐买化妆品、衣服、包包、鞋子的能力远远超出她男友的想象，而且冯小姐的男友每个月也就5000元的工资。于是，二人又想着照这样下去，肯定要入不敷出。冯小姐想了想也不能给男友带来压力，便想着还是重新找份工作减轻负担。

这则新闻上了微博热搜榜单后，网友们展开了激烈的讨论。大多数网友认为冯小姐的男友月薪就区区5000块也敢养女友？别人月入一两万都不敢对女友说“别上班了，我养你”。也有网友批评说该男子太穷，没底气就别说“我养你”。更有网友认为是冯小姐不懂事，也许男友只是随口说说而已，她却当真了。

我看了这个新闻后，首先觉得冯小姐的男友处理事情的方法不错，只是说错了话。当女友跟你抱怨工作不好时，如果你一个劲儿地安慰女友说“乖乖别生气了，忍受几年就好了，多年的媳妇熬成婆”，估计女友会大发雷霆说你不爱她。面对这样的问题，冯小姐的男友应该让她换一份工作，说出自己虽然也想养她，但目前经济状况不允许，等到条件好些，可以让她不上班。

其次，冯小姐的男友说出了“我养你”，无关有没有资本，只关乎真诚与真心，可以看出冯小姐男友是爱她的，至少在冯小姐辞职后，她的男友把自己的工资卡给了她。一个男人，他在赚钱养家时也希望你貌美如花，也希望把家庭变得越来越好，只是冯小姐的男友忘记了从实际情况出发，一时的冲动让他尝到了苦头。

最后，冯小姐认为工作压力大、职场人际网络复杂，就以此为理由辞职，想让男友来养，这种思维真的很可怕，它会让你好吃懒做、不思进取，让你变成一个蛀虫。一个女人，不管在任何情况、任何时候都不要让男人来养，你要有自己的本事，要让自己独立且努力，这样，在多变的感情世界里你才有自己平衡的砝码，才有让自己屹立不倒的资本。

女人们，不管男人是否对你说过“我养你”，你都别当真，就算男友当真你也别真的辞掉自己的工作，感情的稳固不靠一方的支撑，靠的是两个人的维系。对于女孩子而言，你必须得有工作的本领，才能够在恋爱里、婚姻中笑得灿烂如花，不管生活对你怎样的刁难，你都不害怕也不退缩，因为你有应对的资本。

现在很多文章都在教女孩子们如何变美、变好、买买买，却忘记告诉女孩子们“买买买”的前提是，你得有这个能力，更忘记告诉女孩子们想要“买买买”之前，先学会赚钱，提升自己的工作能力。

你不是哆啦A梦，没有魔法口袋，你也不是奥特曼，有超能力抵挡这世间的风风雨雨，你就是你，有钱才能让你过得快乐，让你变得越来越好，没钱只会让你步步难行。无论你是男孩还是女孩，努力赚钱，认真工作，好好提升自己，这才是现在的你该做的事。别去妄想着就算自己不努力不上进也会有好运，聪明的人都只管努力，其他的交给时间。

你一定要记住，这世间赏罚分明，你优秀的时候，全世界的好运都来到了你的身边；你落魄的时候，一大堆的破事就像狂风暴雨般袭击你，让你越来越落魄。所以，当你努力又积极时，世界只会给你所有的美好；当你偷懒还不上进时，世界只会加倍地惩罚你。

前几天和朋友们在微信群里聊到结婚彩礼钱这个话题，结了婚的朋友当然没有发言权，没结婚的朋友倒是很搞笑，都在说着自己理想中的彩礼钱是多少。其中一个女生很逗，她说她准备要20000万彩礼钱，当大家都露出吃惊的表情时，这朋友说男友只要拥有20000万像素的手机就行了，大家听完哈哈大笑。

一些女孩子爱对我说厌倦了穷困潦倒的日子；厌倦了逛个淘宝买几十块钱的衣服还要用返现，再求店主送小礼物的生活；厌倦了熬夜抢单只为便宜几块钱；更厌倦了微薄收入的工作，所以她们想求男人给她进行一次一辈子的打赏，这样便衣食无忧，因为可以把爱全部寄托在男人身上了。恕我直言，你这不是寄托爱，你这分明是懒，寄托了懒细胞在男人身上。

对待爱情，很多女人都听过这句话："要么给我爱，要么给我钱，要么给我滚。"我只想说，你什么都没有，凭什么要求男人既给你钱又给你爱，如果少了其中一样就得滚呢？

作为一个女孩子，如果你不努力，你将来连婚纱都只能穿地摊货，也有可能你还穿不起婚纱呢！作为一个男孩子，如果你要钱没钱，要长相又没长相，更没一颗追求上进的心，别总说"女人贪钱"，你钱都没有，长相也没有，能有女人爱是你的福气，你得学会感恩，学会撑起男人该有的担当与责任。

婚姻是两个人的事，不要把所有的压力都让男人去扛，女人也要学会分担，更要学会努力，别认为一个男人养你就是理所当然。这世界只会对好看的女孩子有善意，对于那些长得不好看又不求改变、不去努力的人只会惩罚。

不管男生还是女生，如果你很懒，又凭什么要求你的另一半勤奋又努力、好看又有钱、有才又上进呢？能力不足时就别怨社会现实，只怪你明知能力不足还不去改变。相信看完本篇文章的你，该知道怎样提升自己了。

美貌只是带给你机会，能力才是优势

对于一个女人而言，并非漂亮才是她打开机会大门的钥匙，能力、知识、有趣、涵养，这些都能够帮助女人打开机会的大门。漂亮的女人的确会有好运，但努力且活得美好的女人，运气也不会太差。

经常有一个姑娘发信息向我诉说她那些鸡毛蒜皮的烦恼。比如，去食堂吃饭时，姑娘总感觉对面看着她的女生在说她的坏话；遇见暗恋已久的男神却不敢表白；为什么自己衣着打扮没有别人好看；这么久一直都在为减肥而努力却效果平平，不想减肥了。

姑娘是湖南人，名叫小晓，她嫌弃自己长相普通，嫌弃自己婴儿肥的身材，嫌弃自己活得不够出色，关键一点，姑娘现在大二了还没有谈过男朋友。有男生主动追过她，但是她自卑，觉得自己配不上别人，不敢去尝试爱情的味道。

每一次姑娘发信息给我絮絮叨叨地说着她的大学生活，我都不厌其烦地回复，因为从她的身上，我仿佛看见了人群中身为大多数普普通通的你。

你二十出头，目前正在读大学，又或者今年刚好大学毕业参加了工作，你老老实实、本本分分，每天过着差不多的生活，但你又不甘愿过着循规蹈矩的生活，却无力改变现状。

你一个人坐公交车时，一个人出门旅行时，或者走在下雨的路上听一首歌时，忽然有一点难过，想号啕大哭，到最后，你只是眼眶湿润，使劲憋着眼泪不让它流出来。你不敢哭，你怕哭了没人在身旁替你擦泪，给你拥抱。

你对自己的外貌不自信，甚至自卑，你不好意思与别人自拍，更不敢在环境优雅的餐厅里自拍，你害怕别人用异样的眼光看你。

你晚上对着镜子卸妆时，会讨厌不够漂亮的自己，讨厌自己的单眼皮、塌鼻梁、脸上的痘痘或雀斑。你羡慕微博上那些活得风风火火的女人，你羡慕生活中那些身旁跟着帅哥的女人，你羡慕漂亮的女人，讨厌不漂亮的自己。

我懂得你的烦恼，也懂得你的焦虑，就像那个经常发信息给我的姑娘小晓，她很努力地去改变自己的外在，却总是事倍功半，都快没有继续坚持下去的信心了。面对这种情况，千万不要放弃，因为放弃过后，你依旧活得糟糕，依旧不漂亮，但是，当你一直坚持下去，一直努力去做优秀美好的自己，时间会给你答案。

小晓告诉我，她们宿舍的女生都比她漂亮，她有时候非常嫉妒那些长得好看的女生，她说自己就是一个书呆子，对打扮只懂皮毛。我说她是身在福中不知福，内心潜藏的知识便是丰富她灵魂与气质的财富，穿衣打扮可以在短时间内学习，但是内在的知识得靠长期一点一滴的积累才能获得。我看过小晓的照片，画着不够精致的妆容，穿着休闲风格的服饰，长相虽然不出众，但给人的感觉也是落落大方且清秀精致。

我告诉小晓，如果一个女人只是把性感身材与颜值作为站立的资本，那么这样的资本岌岌可危，会被那些更有姿色的人超越。相反，不会随着年龄贬值的是女人自身的能力，甚至你经过风雨洗刷的阅历与积累的经验，都能够让你继续笑傲江湖。

美国作家卡耐基说："人不是因为没有信念而失败，而是因为不能把信念化成行动，并且坚持到底。"宝贵的时间不应该拿来责备自己不够优秀、漂亮、出众，时间应该拿来建设自己、丰富自己、打造自己。在没有去奋斗、去努力之前，千万不要给自己贴标签、下定义否定自己，当你通过一段时间的努力改变后，再来评价自己，或许，你会发现，原来自己也有优势，只是没有深度挖掘而已。

对于一个女人而言，你可以不漂亮，但你一定不能活得不够漂亮。如果长得不漂亮，可以通过工作、学习、兴趣爱好等来证明自己活得漂亮，时间久了以后，你长期坚持的东西便会成为你的气质，这也是你独一无二的竞争优势，让你拥有与大多数人不同的气质。

在这个拼颜值的时代，外貌的确重要，甚至外貌能够让你锦上添花、如虎添翼。但是，我并不提倡去靠整形，整出美丽的外表去博取人们的眼球。

当你没有出众的外貌与火辣的身材时，那么，大方得体的穿着，以及不断提升自己的才能和坚持不懈的运动，便是你丰富灵魂，为自己创造好运的方法。美国喜剧演员米尔顿·伯利说："如果机会没有来敲门，那就自己盖个门。"

普普通通的你，要学会给自己量身定做或创造合适自己的机会。如果你外貌普通但喜欢与文艺相关的一切，那么，你可以把自己打扮成文艺范儿，用读书提升气质。如果你是一个什么优点都没有的人，得体的言行举止与个人能力便是你赢得尊重与肯定的武器。

那些总是觉得自己普通的姑娘们，只要你努力去拼搏，严格要求自己，你也可以拥有光闪闪的生活。如果你只是站在原地不停地抱怨、低落、自责，而不是以豁出去的态度去拼去搏，那么，好运永远只会青睐那些努力的人。

很多人都在说，在现实世界里，外貌决定一切。我认为，外貌无法决定一切，它只影响到一个人的发展，不能决定一个人的命运。我们都想拥有一副人见人爱的容貌，但样貌是天生的，我们无法改变，我们能够改变的，是自己的穿衣品位、知识能力、德行素养。那些不甘愿活得普通且平庸的人，她们都在努力地改变自己，不抱怨不放弃，只是默默地蓄势待发，等着破茧成蝶。

姑娘们啊，你必须要知道这样一个残酷的真相：美貌能给人加分。如果没有貌美如花的外表，那也不能邋遢得一塌糊涂，更不要认为不修边幅不打扮便是“个性”。还沉迷于不爱打扮的姑娘们，醒醒吧，适当地打扮自己，既能取悦自己，也能为自己赢得更多机会，如此，才有人能够通过你迷人的外表，去研究你丰富多彩的内心。

对不起，
你再夸我“脾气好”我生气了

1

进入社会后，如果有人夸你“性格好没脾气，吃得了亏”这样的话，你可别高兴太早，在我看来，这不是夸你，只能证明你太弱了，是一个任人欺负没原则的人。

前几天发生了一件事让我很为难，一个朋友的表妹今年大学毕业，恰好她的表妹也是学的汉语言文学专业，面临着毕业写论文的压力，于是，那天在朋友家里，她也开门见山地和我说了她的真实想法。

朋友告诉我，她表妹目前在实习，平日里工作很忙，说了一大堆寒暄的话，最后我说没关系，你有话就直说，没什么的，咱们都是朋友。听见我如此说，朋友也就敞开了说，让我给她表妹的论文写选题思路，只要写选题思路就好，不用帮她写整篇论文。

听见朋友如此说，我当时犹豫了一下回答，最近写文章比较忙，而且自己也面临着要去找工作的压力。朋友听见我说完后，又连忙告诉我占用不了我多久时间，而且我经常写文章写熟练了，对我来说是一件很容易就能搞定的小事情。

小事情？如果你给我钱让我写，这肯定是小事情，但是你没谈钱，这就不是小事情，毕竟我要付出脑力、心力坐在电脑面前冥思苦想。

换作是以前，我肯定会因为怕伤害朋友感情而答应，因为以前的我就是那个太好说话的“老好人”，只要有朋友需要帮忙写文章或者做资料整理，甚至问我借钱，只要是我能够做到的，我都会答应，因为我害怕丢失感情，在乎朋友情谊。但是现在，我并不想当被人欺负、任人宰割的“老好人”。

于是，我直接拒绝了朋友的要求，她听见我这么说，也有一点不高兴。到了晚上，她还发朋友圈说以前一个愿意帮忙的朋友性格变了。我知道她在说我，我没有回复，反而觉得自己这样做是对的。

我脾气好、善良，性格温和，并不代表我事事都要卑躬屈膝、委曲求全，我的亲和力与随和也不是任人宰割的理由。

抱歉，我不想像从前那样，活得那么懦弱。这是一个残酷且现实的世界，如若我继续善良，继续那么好说话，那么别人只会变本加厉地想要我帮忙，而不会在找我帮忙之前先把情分放在第一位，先换位思考设身处地为我着想，然后再决定是否找我帮忙。

如果你也和我一样是一个不懂拒绝的“老好人”，那么在以后的生活、工作中千万不要再委屈自己了，你不用总是想着成全别人，因为别人未必会想着来成全你，甚至遇见那些不记情的朋友，你帮了忙，最后他们还是不把你当回事。

有的人，你帮了他十次忙，他觉得这是你作为朋友应该做的，如果有一次没帮了，对方就会把你说得一文不值，完全忘掉之前你帮过的忙。最后，伤心的还是你，因为你觉得自己做错了。其实你根本不用内疚，应该感到开心，因为终于少了一个人死皮赖脸地缠着你了。

一段感情，靠的是双方的维持，如果只是你一方因为害怕失去而一直扮演“老好人”或者“太好说话”的角色，你以为每次答应别人的请求就是在维持友情，那么，别人就抓住了你的弱点，用你的弱点对待你，而不是真心诚意把你当朋友。

2

大学里，班上的一个女生总是害怕得罪人，害怕伤害感情而愿意当什么事情都答应的“老好人”。在班里，大家有什么事情都愿意找她帮忙，因为她热心善良还很容易说话呀，比如布置的论文，会让她帮忙想思路，因为她的鬼点子多；有空需要扯谎请假，或者帮忙打扫卫生，也会让她帮忙。大家都愿意找她帮忙，因为她“来者不拒”。

某一次和她一起在图书馆看书，聊着聊着我就问她，你性格太“老好人”了也不好，这既会累着自己，也会让别人得寸进尺。帮别人不是为了在对方心里达到三六九等的程度，能够帮忙，我就会帮，不能够帮，或者关系不是特别好的，我会选择拒绝。

我和这个同学说，你和我一样，不懂得拒绝，所以总是吃亏、受伤，甚至有时候会感到为难，因为自己不能做到，别人又一直让自己帮忙，碍于朋友或同学关系，于是硬着头皮答应，最后郁闷难过的还是自己，让自己变得很不开心。

这个女同学好几次和我聊天说了自己的看法后，也慢慢换了一种思想与态度对待自己“太好说话”的性格。也是从那时候起，我也开始慢慢改掉我自己身上总是不好意思拒绝朋友的性格。

那些愿意帮忙的人，或者在你眼里是“很好说话”的人，他们的善良不代表没脾气，他们只是把友情放在了第一位，利益放在第二位。你不要把别人对你的好，当成你耀武扬威的资本，一个人如果总是吃亏，也会反咬你一口，因为吃亏吃腻了！

在工作、学习、生活中，你很容易说话，别人叫你帮忙做什么，你都会一口答应，因为你在乎朋友关系。但是你要知道，把你当朋友的朋友，不会让你为难，也会在乎你的情绪、考虑你的处境，而且，就算你拒绝了帮忙，真正的好朋友也不会斤斤计较，反而是那些半桶水响叮当的朋友，如果因为你拒绝了就会说你变了，这样的人，早点认清面目也很好。

也许你和我一样，性格敏感、多愁善感，总是在乎别人的情绪大于在乎自己的情绪，但是各位“老好人”们，别人又不给我们钱，也不是我们的爸妈，为什么要为他们而活，尤其是为他们的喜怒哀乐而活，你要好好爱的人是你自己啊，毕竟最后受了委屈安慰你的人也是自己。

如果你还认为自己很好说话，别人都叫你帮忙便是人缘好、朋友多，那你真的是优越感太强了。其实，一些所谓的朋友恰好知道你“老好人”的性格而在利用你，只要他们的目的达到了，就不管你了。你的乐于助人，不是一直助人，而是有针对性地助人，更要敢于拒绝，敢于说不，敢于为自己而活。

学会拒绝别人，不是说当一个冷漠的人，是摘掉“老好人”的帽子。当别人请求你帮忙时，首先考虑的是我能够做就帮，不能够做就委婉地拒绝，而不是首先考虑如果我拒绝了朋友会生气，会做不了朋友。根本不用这么想，毕竟俗话说得好“在商言商”，先看这件事是否在自己的能力范围内，再看与这个人的关系以及对方的人品，最后再考虑帮不帮。

3

日常生活中，为什么你总是被欺负？因为你太好说话！别人叫你帮忙，你一口答应说好的，因为你在乎情意，不管这个忙难度大不大，你都会尽自己最大努力去做，因为你怕做得不好破坏朋友情谊，但是到最后，别人记情了吗？

别人向你借钱，你担心影响朋友关系，于是，你又借了，虽然当时得到一句“谢谢我的好哥（姐妹）们儿”。然而借钱过后，你又不好意思催对方还钱，因为你总是为对方考虑，仍旧害怕朋友关系因钱而受到伤害。

仔细想想，这些年我与你一样，闷声吃了很多亏，这些亏数着手指头、脚指头都不够，关键是吃亏后还不开窍。幸好现在想通了，如果你因为我的不帮忙就生气，那么则说明你人品有问题。

你不用去取悦任何人，友情与爱情一样，不靠取悦，而是靠两个人的维系，如果只是你自己单方面地付出，对方一点都不付出，就好比共同经营果园，一个人辛勤劳作，一个人在旁边指挥，不好意思，我找的是朋友，不是地主。

如果你是一个温柔、善良、乐观的人，那请继续美好下去，只是不要再戴着“老好人”与“太好说话”的帽子，而要戴一顶“我也不是吃素的人”的帽子让别人闻风丧胆。

从今天起，不要活在为了顾及朋友情分与面子的世界里。做你自己，活出你原本应该有的姿态。善良，并不代表可以被人欺负，任人使唤，好的关系是你尊重我，你十分爱我，我十五分回报你。

另外，以后请不要再夸我说“脾气好、没心眼”这样的话，这是骂人的话，如果不想让我生气，就别说，谢谢合作。

收起你的玻璃心，
展示你的金刚钻

有时不得不承认，这是一个脸好看，我才有心情看你内心的浮躁世界。好似大家都喜欢先讨论长相高低，再讨论衣着，最后才讨论这个人的内涵与深度。

你还发现了吗？很多人都喜欢和长得好看的人玩，嘲讽那些外表不好看的人。我不知道你有没有因为别人的眼光或者话语受伤过，反正我自己包括身边的一些朋友，都曾被别人口直心快的话语中伤过。

我有一个初中同学兰兰，初中时期的她戴眼镜，身材胖也不懂穿衣打扮，要命的是还是一张大饼脸，于是班上那些调皮捣蛋的男同学就给她取了“四眼妹”“胖墩”这样难听的外号，总之就是想方设法以捉弄她为乐。

那时候的兰兰很自卑，她下课后都只是坐在自己课桌旁，上体育课也是独来独往，没人愿意和她玩，因为女生们都嫌弃她那胖乎乎的身材，怕她和自己在一起会被别人笑话。

兰兰告诉我，她在私下里也有过很想主动与其他女同学交朋友，但她们都不愿意理自己，所以，她把自己的心事都写进了私密笔记本里。课余时间，她努力看书，学习成绩好，也写了一手好字，而且写的作文也经常得到老师的表扬。

由于兰兰成绩不错，那些成绩差还讨人厌的男同学总会拿兰兰的作业去抄，兰兰也不会去计较他们取笑过她，甚至她也想主动对男同学说如果你们有不会的作业，我可以教你们，但是兰兰并没有这么做。为什么？因为兰兰怕被打击。

谁的成长路上没有遇见过别人的打击、嘲讽与挖苦呢？谁的青春里又没有一段累累伤痕的故事呢？谁又没有被他人欺负过呢？这些其实都很正常，只是，有的人自我疗愈速度快，因为他们有一套内心强大的方法，不畏惧成长中的打击与阻碍，学会把别人的冷嘲热讽变成激励自己前进的动力。

至于有的人，会因为被打击的程度积累到了一定的量，所以害怕了，性格也变得越来越内向、敏感，总是千方百计地想着如何讨好别人，如何让自己成为别人喜欢的人，而不是想着，我如何做才可以变得更加自信，把别人的打击与难听的话语当作是激励自己不断向前奔跑的动力，鼓励自己勇往直前，做骄傲、乐观又自信的人。

关于兰兰的故事，最让她感到伤心难过的是她的私密笔记本被班上调皮的男生翻了出来，男生们发现了兰兰的秘密，那便是她打算考师范类的大学，将来当一名小学老师。因为兰兰的性格温和，也喜欢笑，更喜欢小孩子，所以，这是她最骄傲的梦想。

然而，兰兰的小秘密不仅仅是因为她想当老师，更主要的一点是她暗恋班上的一个男同学。

兰兰暗恋男同学的事情被曝光了，其他男生故意在下课后，坐在她周围说嘲讽她的话，他们故意搬弄是非，故意用南腔北调说有人的梦想是将来当老师，也不照照自己什么样，胖得像一头大笨猪还敢当老师，不怕吓着小朋友吗？这些男生说完故意起哄，兰兰强忍着眼泪不让它流出来，故意假装淡定地看书，其实内心十分难过。

谁知道，这些惹人厌的男生不仅没有感到羞愧，反而变本加厉嘲笑兰兰。有调皮的男生把兰兰暗恋的事情告诉了兰兰暗恋的对象，兰兰知道后十分的尴尬，好几天都不敢正眼看暗恋的男生，总是避开他的视线。

中考完后，由于兰兰成绩不错，考上了理想的高中。读高中后，我与兰兰之间的联系少了许多。直到进入了大学，我又从其他同学那儿得到了兰兰的联系方式，放假期间，几个同学在一起聚会时，我猛然发现兰兰的变化很大。

上了大学的兰兰笑起来更自信了，也没有像以前那么胖，因为她在合理减肥，只为让自己去遇见优秀的男生。而且，兰兰凭着自己的改变与勇气，也在大学里收获了一段属于自己的爱情。

我问兰兰，几年没见你变化也太大了，不再是当初那个在乎别人看法的“玻璃心”姑娘了，你是怎么逆袭的呢?

兰兰微笑着告诉我，她读高中后，依然有女生背后说她长相丑，也会被男生捉弄，她太在乎别人的看法，太敏感了，以至于活得很累。直到有一次，兰兰向从小一起长大的闺密倾诉烦恼，闺密告诉兰兰，所谓“玻璃心”，你砸碎了，也就无所谓了。

于是，兰兰把精力都放在了学习上，平日学习后也会悄悄减肥，也就把所有的力气都花费在如何让自己变优秀、变漂亮这件事情上。虽然减肥的效果很慢，但她并没有放弃，她一步步努力，一点点进步，她从曾经喜欢对自己说“我很丑没人喜欢我”这样的话，到现在喜欢对着镜子微笑着说“我要加油，因为我在为梦想努力，我很棒”。兰兰在用她自己的方法，慢慢地去敲碎“玻璃心”，尤其是读了大学后，她完成了从丑小鸭到白天鹅的华丽转变。

读大学后的兰兰减肥有了一定效果，她学会了穿衣打扮，开始关注时尚杂志，开始大大方方地展示自己的手工制作与普通话，开始主动交朋友。亲爱的小伙伴们，“玻璃心”是可以砸碎的，你越是害怕、敏感、多疑，越是在意别人的看法，那么“玻璃心”越是像太阳那般刺眼。

“玻璃心”的你，要对自己“心狠手辣”，这种狠，不是性格上的狠，是由底气与能力打造抵挡残酷世界的狠。当你找到自己的小小特长时，去努力无限放大自己的闪光点，当你真正无所畏惧时，“玻璃心”也就消失了。

现在，我的同学兰兰在我们这儿的一所小学当老师，每次看她发的自拍，笑起来真的很好看、很温暖，而且，她的厨艺特别好，她有着别人赞美的优点，有自己喜欢的工作，不再是当初那个在乎别人眼光的小女孩了。

有时候想想，一点点的“玻璃心”也有好处，能够激发你改变自己的决心，让自己变得勇敢坚强，不再害怕旁人的眼光，而是走路抬头挺胸，充满自信。但是，如果你的“玻璃心”很耀眼，让你自卑难过，那么，就要学会勇敢地砸碎“玻璃心”，重新塑造强大的自己。

不要把自己活得那么敏感，更不要太在意别人的说法，你又不是大明星，有成千上万的人关注你，你就是一个普通人，不要去想如何变得十全十美。就算你完美无瑕像钻石那般耀眼又如何？不喜欢你的人，还会嫌弃你的光芒伤了他们，这些人仍旧会在你身上挑刺。喜欢你的人，就算你是榴梿，他们也会把你当成宝贝对待。

关于砸碎“玻璃心”，我有一个曾经用过的小方法，那就是把手机桌面设置成赞美自己的话，在电脑旁和卫生间镜子前贴上激励自己的便签条，多看一些演讲与口才方面的书籍。

长期地鼓励自己，去展现自己的特长与爱好，这也是积累信心。无论如何你都要记住，极致的美很累，因为你总会去在乎别人对你的看法。半斤八两刚刚好，虽然我们都不完美，都有点缺憾，但刚好能够凑合在一起组成完美。

所谓玻璃心，说白了就是自己的外貌与内在才华都没有可圈可点的地方，所以才导致缺乏自信。

别人嘲笑你一辈子都是个大胖子，那你就丢掉手中的零食去跑步锻炼；说你外表不好看，那你就努力修炼内在；说你表达能力差，那你就多提升特长。等你身材变火辣了、学习能力超级强，估计没人敢来说你胖，你所谓的“玻璃心”也就噼里啪啦全都碎了。

也许你真的不漂亮，才华也不多，那么就做一个说话幽默的人。你的幽默会获得别人对你的好评，别人会把关注点放在你幽默的口才上。此外，面对别人开的玩笑，你若能够善于自嘲，则既是给自己台阶下，也让明白人知道你有好修养。

PART 5

你所谓的平淡是真，不过是安于现状

这个世界可能真没你想的那么完美无瑕，会让你流泪、伤心、难过、想逃，但你不要因为这个世界的残酷就不去奋斗。你不努力改变自己，世界只会变本加厉地欺负你。

大学是所“整容院”，为何别人活得那么漂亮

学妹乔伊来信说，为什么经过一个学期的学习，她发现身边的女同学们变化惊人，那些刚进校的“土肥圆”风格浑然不见。现在一个个都是名媛淑女范儿，就连不懂打扮的一个女生也知道摘掉眼镜，化个妆，穿一条裙子去参加社团晚会，这让她搞不明白。

我问乔伊，那你呢，上学期有没有什么变化。她想了半天才回复我说外貌变化不大，至于学习上就参加演讲比赛得了一个名次，结交了几个朋友。听见乔伊这样说，我故意逗她说可惜了，看来你在大学里“整容”失败，一个学期下来居然没什么变化，那就不要怪别人比你美、比你更招

人喜欢。

乔伊告诉我，她在学校里目睹过一些很普通的女生惊天地泣鬼神的变化。她眉飞色舞地形容别人之前是多么的丑，现在又是多么的好看，最后不忘吐槽一句“还不是靠化妆嘛，有什么了不起，我化妆技术好了比她们漂亮”。我说你别光说不做，先拿出成绩再说，要不然就别怪大学这所“整容院”里就你“整容”失败，毕竟现在这个社会，如果一个人同时拥有内在美与外在美，那会非常吃香。

不管你是正在读大学还是即将进入大学，我想告诉你一个残忍的真相就是，大学时间真的很短暂，没你想的来日方长。想要利用大学里最好的时光建设自己、打造自己，就不要光说不做，也不要把目光都聚集到别人的身上，讨论着别人的变化如何如何的大，你要做的是让自己惊艳绽放，然后让旁人来问你变优秀变漂亮的秘诀。

与其整天与别人讨论为什么那个女生变化那么大，倒不如立马行动起来，多花时间想想如何让自己变优秀变漂亮。如果你只是光说不做，不去打造自己，当别人在大学里承包各种奖学金与奖状时，说不定你还在酸溜溜地说着别人有什么了不起。当别人大学毕业后找了个好工作、好对象时，你也只能眼巴巴地看着，继续羡慕嫉妒恨了。

很多人和乔伊一样，当身边的同学都在默默努力奋斗时，唯独自己还蒙在鼓里，以为别人突然变瘦变漂亮都是靠化妆，这样你就大错特错了。说不定别人在你看不见的地方努力着。

网上有一个段子是说“大学是所整容院，岁月其实是把美容刀”，仔细想想这话说得有道理，正所谓人丑就要多读书。你看看那些在大学里努力读书最后成了“学霸”的人，不仅长得好、身材好、人品好，关键是老天对她们也格外照顾，因为她们时刻都准备着，机会对她们来说就是锦上添花。如果你不是锦，那就可以努力成为一块锦，自然会有人来给你添花。

不要继续抱怨为什么别人在大学里活得那么美好、那么潇洒，其实你与变优秀之间只差行动而已。如果你正好在读大学，想要从人群中脱颖而出，成为那颗闪耀的星星，你可以试试以下几个方法，这些方法曾经帮助过我在大学里成为最闪耀的人。我不敢说这些方法“包治百病”，但用过的人都说自己成为更美好的自己。

1.别说专业没用，就怕你学得不够好

有人问我：读了一所自己不喜欢的大学怎么办？还能怎么办，这一切不都是当初你不努力造成的吗？如果你努力学习，就不会有这样的烦恼。既然在一所自己并不满意的学校读书，不能改变环境，那你可以改变自己。

有些人会觉得自己的专业不够好，或者说将来不准备从事自己专业的工作，于是总是用一副无所谓的状态对待专业。我大学里学的是中文类专业，可以从事的工作是老师或者行政人员，最后却当了记者，不过总体来说还是从事了文字工作。由于我在大学里学习过会议管理与速记这两门课程，便有针对性地刻意训练过这两种能力，直到现在这两种能力对我都有帮助，尤其是做记者采访时就会用到手写速记。

再举一个例子，大学隔壁班的一个女同学，她学的是旅游管理专业，毕业后干了一段时间的导游工作，后来当上了小学老师。但是，她并没有丢掉自己的专业能力，因为之前

做导游工作时积累了诸多人脉，所以，别人需要设计路线或者需要咨询时，都会花钱请她帮忙。你看，这足以说明学好自己的专业有多么重要。

2.多培养好习惯

对我自己来说，我在大学里培养的好习惯便是坚持每天看书写文章，这个习惯从大学坚持到现在。很多人会说太忙了没时间，我也会贪玩，也会想着放松自己，但我给自己规定每天看书写作没有固定要求，有灵感时可以看一本书、写一篇文章，没灵感时看一小节文章写一段话，只要我每天都做一点点，便会养成习惯，让我受益。

好的习惯会让你得到很多好处，比如坚持早睡早起与运动会让你有一个好的身体与精神状态，坚持学习以及挖掘自己的兴趣特长能够让你打败无聊，坚持乐观自信的心态能够让你结交更多有价值的朋友。

3.多锻炼“软实力”

所谓“软实力”是指提升你的思维方式、情商、沟通力、口才力、逻辑能力等，这些能力的提升虽然短期内不会给你带来立竿见影的效果，但只要你长期坚持，定然会给你一个美好的回报。

在大学里，你要学会“刻意练习”，练习你的抗压能力与沟通能力，这会为以后进入社会做铺垫；练习你的演讲与口才能力，平时刻意多看一些相关书籍，多对着镜子练习口才，与人说话时多看对方的眼睛，目光要坚定、柔和一些，而不是飘忽不定；练习你的组织能力与分析问题的能力，你可以亲自策划组织一场活动，在活动中注意总结，也注意收集别人的看法，活动结束后再进行分析，这些能力的训练都会给你提前进入社会打下基础。

此外，学习能力与自我管理能力，你也应该加强锻炼。毕竟大学里的诱惑很多啊，男生宿舍里打游戏、撩妹子、熬夜；女生宿舍里追剧、逛淘宝、玩手机，这些都会影响你。想要不被周围的环境影响，你就得学会管理自己，而且每当你完成一件事，你都可以对自己进行适当的奖励。

4.勇敢展示你的特长爱好

如果你有特长爱好，一定要大大方方地展示出来，因为大学里做事的成本很低，你不要害怕失败也不要害怕被人嘲笑，只有展示自己的爱好，才能赢得更多的可能性。

比如你会主持，那么你展示爱好的同时能赢得商业主持的机会；你会唱歌，积极参加活动能获得校园名气的积累；你会手工、书法、写作，那么你就多参加相关校园活动，多找适合自己的网络平台展示自己；你头脑灵活、鬼点子多，可以与几个志同道合的朋友一起创业。

当你在发挥自己的价值、展示自己的能力时，你所谓的自卑、内向、胆小、玻璃心统统都会被打败，取而代之的是自信的微笑与骄傲的本领，让你在大学里活得精彩。

5.内在美与外在美两手抓

很多人会说，大学课程那么忙，社团活动那么多，有时间看书就没时间打扮自己，有时间打扮自己就没时间看书。

如果你想做一个有保质期的花瓶，那你就别看书吧，反正你不打算做一个有内涵又漂亮的人，毕竟读书能改变气质这话说得一点都不错。相由心生嘛，你若读的都是古典文学或美文类的书，那么必然举止优雅温柔，你若读的是心理学的书，那么必然逻辑缜密。

你在化妆、跑步、看服装搭配的时候可以选择听书，在图书馆看书时记住要多和其他阅读领域的人交流心得，因为你获得的都是别人抽丝剥茧后的精华，这就帮你节约了阅读时间，方便你在自己的阅读领域成为达人。

对于读书类型的选择，不是让你去看什么《霸道总裁爱上我》这样的书，而是要学会有选择性地阅读畅销书，名家经典则必须精读。不要只读一个领域内的书籍，要扩大阅读领域。相信我，读书是不花钱的一项“整容方式”，你内在气质提升了，再化个淡妆，穿一套漂亮的衣服，肯定会让你与那些不读书的人不一样。

跟你说了那么多有用的方法，重点就在你做还是不做。如果你没去行动，就别跑来问我为什么大学这所“整容院”把别人都改造得很美丽，偏偏没把你“变漂亮”，你也不看看那些在大学里名号响当当的人，他们在人群背后所付出的汗水与努力。

先让自己升值，
才能快速赚钱

在没有优势的情况下，我们赚钱的意义不是比别人赚得多，而是不断超越自己定的小目标，以集腋成裘的方法赚钱。

快速赚钱的窍门是提升自己的能力，能力提升后，便能以利滚利的方式赚钱。毕竟个人的能力会随着你的年龄与阅历的增长而越来越吃香，让你拥有任何时候都屹立不倒的资本。

读者小然是一名刚毕业参加工作的上班族，她形容自己说“普普通通的我做着普普通通的工作”。她的家庭条件一般，工作也没做出什么成绩，但她不甘心平庸地生活，她想崭露头角，一鸣惊人。她问我：“一个没背景没资源很普通的人，该如何赚钱呢？”

最近的我一直都在思考怎样才能赚更多的钱，我在手机上写下自己的技能、特长与人脉资源，逐一分析，又恍然发现提升自己的过程就是一种“赚钱增值”的行为，而且这还是一件将来可以赚大钱的行为。

二十几岁后，我懂得普通人想赚钱，就要学会给自己做锦上添花的事情，在好运不够的时候，学会给自己制造机会。

作为一名没背景与资源的作者，我知道自己学历与人脉方面的弱势，但我可以充分挖掘我的时间优势，每天坚持阅读与写作。我长期专注于这两件事，至少我种下的种子通过辛勤的耕耘，未来能够收获丰盛的果实。

在我看来，大多数普通人想到的快速赚钱方法是打工赚钱。其实，我们也可以做一个有想法的普通人，比如靠“自我增值”的方法为自己谋取最大利益，毕竟建设自己的过程就像是在给自己“镶金”，当自己的能力得到提升，便能吸引优质人脉，以此建立相关合作关系。

1.学会挖掘你的赚钱资质

每个人都想赚很多的钱，可是为什么有的人成功了，有的人还是很普通呢？除了既定的资源与背景外，别人还擅长挖掘自己的赚钱资质，将自己的优势最大限度地发挥出来。

比如，你得先了解自己的性格特征，然后根据自己的特长分析自己适合挖掘哪一方面的优势，是靠知识赚钱，写文章做“知识网红”，还是靠颜值赚钱，做直播当服装模特？又或者靠趣味赚钱，自己性格活泼开朗，点子多，可以去策划线下活动或者去培训班当老师。

也就是说，你得先分析自己的优势，然后再结合特长，借势为自己赚钱。

如果你准备做“知识网红”，记住先免费给别人分享有帮助的文章或方法论，在吸引了购买能力强的粉丝后，再以收费形式做线上课程，分享自己的知识，小城市公文写作需求大，或者分享普通话培训、商务礼仪、口才训练、声乐教室等。

挖掘你的赚钱资质，就是你得知道你擅长什么，然后将你擅长的东西展示出来，逐步累积能量，找对平台，生根发芽，时机成熟时，便能靠自己的爱好赚钱了。

2.巧用免费资源赚钱

对于卖产品以及宣传个人品牌的人群而言，当没有足够强大的人脉资源与资金时，最大而且还免费的资源便是网络资源。

很多人的努力都是事倍功半，甚至是无效努力，为什么？因为没有用在点子上。针对喜欢写作的朋友，假如你把情感文章贴在知乎网就不合适，因为知乎多是问题类回答。关于豆瓣网，适合走书评人、影评人路线；对于一点号，建议你发布的文章以情感类为主，方便系统自动抓取关键词推给喜欢情感文章的用户。

我在这里给大家推荐简书网，因为它门槛低，起步快，无论你擅长写作还是绘画或者摄影等，都能够很快闯出自己的一方天地来。因为简书网投稿专题多，只要作品优秀，就有可能被编辑推荐上首页。文章上首页后，你要做的就是积极与别人评论互动，因为这里不光有图书编辑时常盯着网站找选题，也有一些公司或图片网盯着，如果你的作品符合他们的要求，好运就有可能降临。

至于微博，发微博时可以带上当日微博热搜里的关键词扩大曝光率，但前提是你的微博昵称通顺好记，微博里有自己的原创内容。在微博扩大曝光率的另外一个方法，便是去抢一些大号热评积累粉丝。抢热评的方法是提前准备自己的原创句子，看见大号更新微博后立马评论，以此吸引路人眼光。

关于直播，我最近在研究平台，打算做直播，但我发现大多数人都是直播吃饭、睡觉、唱歌、跳舞或者一个劲儿地对送礼物的人说感谢，这些都千篇一律，让人感觉很无聊。

因为我对直播了解少，如果想要去做直播，那么我必然不能与别人做的直播内容一样，这样没有自己的核心竞争力。像我自己声音低沉，擅长写作，那么我可以借此特长打造有自己个性的品牌。至少如果我策划的内容与别人的直播内容不一样，这将会是给自己增值甚至给个人品牌带来回报的比较有利的方式。

除了借力，还要善于利用身边的人或势。主动请求别人的帮助，但不是阿谀奉承，而是真诚地学习对方的优点。你请求别人的帮助是在建立共赢的局面，至少被请求人大多数情况下会乐意帮助你，因为当你积极努力时，对方能够在你身上看见希望。

3.你的工作能力也是赚钱法宝

对于初入职场的朋友而言，在收入不高的情况下，不要给自己制定我要月入十万甚至年入几十万的目标，这很扯，先给自己制定短期可行与中期奋斗的目标，先成为公司里无可替代的人，或者行业内的佼佼者，培养一两项拿得出手的技能，让自己拥有一席之地。

比如，你在某个项目中崭露头角得到领导赏识，这会给自己带来高效人脉的机会，如果将来觉得现在的工作不好，也有大平台的退路让你选择。

当你工作能力强、有护身的技能，也有广泛的人脉，这时候，你可以主动要求升职加薪，甚至也有其他公司对你示好，以高薪高福利邀请你加入。假使你既有傍身吃饭的技能，工作上也很牛，那这两方面挣的钱会非常可观。

只不过，作为职场新人不要浮躁，也不要着急，普通人一般两至三年都会有一个加薪升职的机会，如果天时地利人和，甚至一年就能加薪升职。初入职场的你不要着急，可先给自己定下拿至少一年半的时间来提升自己，待时机成熟时，再惊艳绽放，让领导知道你在努力，领导也会着重培养你。

4.学会存钱，让钱生钱

储蓄是一件风险几乎为零的理财习惯，适用于大学生或刚毕业且工资不高的上班族，让这类人养成健康的消费习惯。长期坚持储蓄，也能培养你先存钱再花钱的理财意识，让你明白任何时候都要留一笔本金给自己。此外，当你有钱时，应该把钱拿出一部分存进银行，这笔钱未来一年内不会用，再以定期一年为主赚利息。

归根到底，让努力变得更有效果的方法便是不断坚持、学习、研究。只有你的努力先变得有效、有价值，得到别人的认可与广泛传播后，你才会有好运，也自然会得到一些工作之外的收入，这会是你生活中本职工作以外的惊喜，这类惊喜既会带给你信心，也会让你产生安全感。

我们都一样，比不起那些大咖，我们可以一点点地努力，一点点地进步。只要自己一直都在努力赚钱的路上，把那些得到的收获聚集起来，也能组成一颗闪耀的钻石。

没有人不爱钱，我也爱钱，因为钱能带给我最直观简单的安全感。对于普普通通的你我而言，想要快速赚钱的方法便是踏踏实实努力，学会接受新知识，并且每一天都提升自己的能力。

二十几岁后，你要提升自己的“升值”能力，先让自己变得有价值，.才能更好地去赚大钱。

没资本过喜欢的生活前，就请踏踏实实奋斗

朋友娟子发微信说，最近她看了很多文章都在说“要以自己喜欢的方式过一生”，她想着自己目前高不成低不就的生活很焦虑，总是想干一番事业，但又碍于没资本，所以一直不敢行动。现在，又看了那么多鸡汤文，她很焦虑要不要上班，因为她想辞掉事业编的工作，放飞自我去开一家画室，做自己喜欢的事。

听见娟子这样说，我有点来气，别人拼了命想考事业编工作，她却想辞职。我发语音恶狠狠地骂她，我说你父母做零工，家里还有弟弟在读书，你好不容易考上了事业编工作，如今却想辞职，你有天高海阔任我飞的资本？说白

了，你就是一个还得为生活努力打拼的穷人。

你有特长，这很ok，但是，你想靠绘画吃饭，凭什么？你有钱吗？有人脉资源吗？有伯乐吗？有平台推荐你吗？别以为看见别人辞职做自己喜欢的事情就很酷，说不定别人只告诉了你他在努力，没说他背后的资源和人脉背景。

平凡普通的你如果什么都没有，那就老老实实地回到工作岗位，好好工作赚钱，积累资源，业余找平台画画，等到你做出了成绩，你的绘画收入是你工作收入的好几倍，这时候，你再一脸不屑地对单位说你要辞掉工作不干了，专心画画，说不定还有人支持你这样做。

对于我来说，有资本时做什么都不怕，没资本时就过好当下，不要被所谓“事业编工作就是混吃等死”蒙蔽双眼，冲动做事。

那些说拿着五险一金的稳定工作等于“混吃等死”的人，实际上他们自己可能达到了财富自由与生活自由的高度才会这样说，然而我们大部分人都是普通人啊，甚至社会底层人。工作稳定，有喜欢的人陪伴着，过着普通却热闹的小生活，我觉得并不等于混吃等死。

想起大学毕业季时，也收到了很多读者伙伴发来的信息，他们问我大学毕业后是做自己喜欢的事情，还是先工作，然后再做自己喜欢的事。我回复，当然是先谋生啊，你饭都没吃饱，肚子都饿得咕咕叫，又怎么会有精气神去做自己喜欢的事情呢？

在碎片化信息满天飞的时代，我们很容易被一夜成名、月入六位数、“95后”当老板这些浮躁信息所迷惑，我们会怀疑自己每天上班下班这样生活的意义是什么。

我猜你肯定有过这样的状态，刷朋友圈、微博看见了别人晒一个又一个奖项与目标的取得。而你呢，努力过后，没能得到收获，焦虑为什么；做了某件事情，没有做好，焦虑怎么办；工作了好几年，却依旧平庸普通，焦虑如何走。

你看着身边的同事、同学、朋友买房买车，你看着他们今天在国内逛街，明天就飞到国外出入五星级酒店喝下午茶，你看着他们穿名牌衣服、背名牌包包，而你呢，还在对比哪儿的房价便宜，要怎样地努力才能攒够首付钱，才能让自己活得不焦虑。

现在的你怀疑做着的工作能否给你带来更多收入，怀疑梦想能否为自己带来好运的可能，怀疑努力后是否依旧那么普普通通。你怕失业、怕生病、怕未来，有时候越怕就越焦虑，为什么呢？因为你怕的是自己没能像别人过得那么好。

说句实话，你的焦虑情绪只是因为你的攀比心作祟，如果你不去和别人对比，也不去照搬别人的模式生活，你只和过去的自己对比，只和自己比进步，换个思维看看，其实你也了不起。

前段时间的我非常焦虑，总是害怕未来的自己不知道会变成什么样，甚至厌恶当下一事无成的自己与生活，就连行动也无法缓解我的焦虑。那段时期内我每天都是坐着发呆，或者拿手机不断地刷微博、刷朋友圈，丝毫没有写作的动力。

我因为害怕未来而感到焦虑，原因既有工作的不稳定带来的恐慌，也有对朋友圈里其他优秀写作者的羡慕，这两种情绪让我不断地产生巨大的失落感与无力感，我总是觉得自己很没用，没有自信。

后来，在书里看见自己的这种状况，从心理学角度来说，便是“心力委顿”，通俗一点的说法就是“心塞”“心好累”。通过几天的心理暗示，我调整好了心态告诉自己，什么都没有的时候不要浮躁，要相信做任何事情前，都得有资本。当你感到焦虑、心累时，可以试试这样做。

1.先给奖励，再定目标

当你决定做一件事情之前，别先忙着做，先给自己一点甜头，比如买一件衣服或者吃一次美食。你尝到了做这件事会有奖励，那么你自然而然会发挥最大能量把这件事做好。

每当我感到焦虑、烦闷时，我不会给自己定下今天看一本书，写500字左右的文章，我会告诉自己，先给自己买一些爱吃的零食，如果今天看完一本书的前几章节，就再买一些零食犒劳自己。

我先给予自己奖励，再定目标，是为了暗示自己不管做任何事，我都应该爱自己，奖励自己，而不是只有获得了成功才给予奖励，失败就不奖励，甚至实施惩罚。先奖励自己，就是为了告诉自己，不管接下来我做什么，只要我努力了，本身就是一种收获，因为努力的过程使我收获了经验与抗压力、意志力的提升。

如果既能看完整本书，又能随心情写下文字，第二天便会买一件小礼品送给自己。这样，焦虑期的我心里就不会有负担，就不会想着自己要去完成“任务”而加重焦虑，反而把“任务”当成是奖励自己吃美食、娱乐过后的附属品，告诉自己把看书、写作当成是放松心情，以此缓解焦虑。目标分解法有一个好处，就是把目标分解在每一天都做一点点，通过阶段性的获胜为自己增添信心，从而避免一次性去做的过程中出现的焦虑与不安感。

2.出去走走总有路

当你因为工作或生活烦闷时，甚至心情不好时，千万不要一直待在家里，尤其是把自己困在小小的房间里，否则只会让你越来越压抑，越来越焦虑。心情不好就应该多出去走走啊，毕竟有句话说“出路出路，出去走走总有路”，出去走走逛逛，看见的事物不一样，想法就不同，焦虑的情绪也会慢慢得到缓解。

当你烦躁时，可以去菜市场或者广场逛逛，听听讨价还价声，看看跳广场舞的大妈，你会发现生活其实很简单，一切都是你想得太复杂了。实在烦躁，也千万不要辞职，你可以出去旅个游，等你的钱用完了，你也就没时间矫情、烦闷了，因为你要努力工作赚钱啊。

3.学会享受过程，别把结果看太重

长大后，我们变得不快乐的原因总是先看得到再看过程。学特长为了得到奖状，奋斗努力为了成为佼佼者，谈恋爱为了得到缠缠绵绵，我们总是为了结果而不享受过程。想想，小时候的我们多快乐，只为了过程，不计较结果。

很多人在做一件事情时，首先想到的是做了这件事我有什么好处，或者能带给我什么回报，大家都想趋利避害，而不是想着在做这件事的过程里，我能够完善自己，丰富自己。于是，你的得失心越重，你就越容易焦虑，越容易被外界的浮华迷住双眼，越容易羡慕别人的光鲜靓丽，而忘记了此时此刻自己正在做的事情，也是别人所羡慕的。

放平你的心态，正确对待你当下的工作或生活，并且学会享受生活或工作里的小细节，多想想自己的工作不仅仅是为了工作，也是为了有资本后有说走就走的旅行，买得起喜欢的衣服、包包，带父母出门旅游，谈一场高质量的恋爱等。

不要再把时间都耗费在胡思乱想中了，如果你都把时间拿来烦闷、焦虑、纠结了，当你苦恼为什么别人比你优秀比你厉害，为什么自己总是天资平平时，你的对手可能已经化了美美的妆容，穿了漂亮的衣服与你心仪已久的男神在讨论创业，也有可能，你爱慕已久的女神此时此刻正在国外攻读MBA，已经甩你十几条街的距离了。

记住，没有资本时请不要胡思乱想，做好你现在该做的事情，待有资本时随便你怎么想，因为你都有能力去完成。

把单身期当作
成长中的必修课

梵梵告诉我，她有时候真的无法忍受这样的单身生活，想快点儿摆脱单身，赶紧遇见一份新的恋情。于是，她也有很主动地去追求一个男生，不料却以失败而告终。

她疑惑，问我怎么办。

我说这还能怎么办，你为了别人而委曲求全，总是想着该如何取悦别人，如何才能让别人喜欢你，于是你拼命做别人眼中最让别人满意的人，可是你忽略了很重要的前提，你连自己都没有认真取悦过，却一直都想着去取悦别人，难怪你厌烦了此时此刻的单身生活。

说实话，我们很多人之所以害怕单身，无外乎不能与自身的糟糕握手言和，也不能很好地照顾自己，做到独立又快乐。有的姑娘在自己没钱又没人喜欢的时候着急的不是如何让自己变得有钱，而是着急把自己“清仓大甩卖”，看见有男生问自己“在吗”就急切地回复说“在在在”，看见有男孩子约自己看电影就误以为是真爱，其实，你只是单身太久了而已，喜欢胡思乱想罢了。

朋友梵梵单身快两年了，这近两年来，刚开始的她打着“单身贵族”的旗号标榜着单身万岁，一个人无拘无束、自由自在，想干什么就干什么。那时候的梵梵，的确过得潇洒。她一个人去了上海、广州、厦门、云南，还有泰国，拍了很多美丽的照片晒朋友圈。旅行回来后，她也找了一份幼儿教师的工作，每天和小朋友们待在一起，她感觉很快乐，一点都不觉得单身很苦恼。

时间久了，因为孤独，梵梵便开始忘记了好好照顾自己，总是想着如何取悦他人，因为取悦别人可以让自己早点儿走出单身的队伍。她总是想着如何“脱单”，却未曾想过“脱贫”，毕竟只要物质有了保障，那么你便有更大机会遇见一份高质量的爱情。

那时候的梵梵有主动追求过一个男生，结果失败了，也试图去找前任和好，也失败了。再加上一个人的时间久了，梵梵便总是感到焦虑、烦闷，越来越难以忍受现在一个人的单身生活。

其实，朋友梵梵只是没有处理好与单身生活中出现的负能量友好相处的关系。她总是第一时间想着如何解决单身，却未曾想过单身是一段过程，自己总会走出这段过程找到与自己骑马闯天涯的人。

比如我自己，在单身生活里也会出现糟糕的情绪，每当负面情绪出现时我便会提醒自己，岁月又给了我一份考验，如若我在这段时期内好好提升自己，可以比别人多得到一份丰厚又宝贵的经验，毕竟，孤独能够训练我沉潜、平和、耐心这些性格，也能给我专心致志的时间去追求梦想。现在的我虽然单身，但我时刻提醒自己，应该从以下几个方面利用单身期提升自我价值。

1.拼不了颜值，就提升内在

时下，“颜值”成为每个人都关心的话题，谈恋爱前看颜值，就连交朋友也看颜值，我就纳闷了，你那么喜欢看颜值，莫非你是完美无瑕的人？说实话，我本人就是一个既拼不了颜值，也比不起家庭出身的平凡人，我唯一能够做的，只有利用单身期不动声色地提升自己。

自我提升并不是单纯提升自己擅长的一面，我也会发展自己感兴趣的技能，打造出别人拿不走的核心优势。比如，写作是我坚持了7年的爱好，我每天都有写文章，每天都练习，写多了自然会丰润我的内在，提开我温润的书生气。此外，我开始阅读心理学与自我管理方面的书籍，除了写爱情故事，也要擅长写自我管理类型的文章。

手写速记是我大学里学习过的一门课程，这个我从上个月开始便在规划，打算翻出曾经记录的符号重新整理，然后分享给更多人，争取开一门与手写速记有关的微课。除了这一块，我还利用业余时间学习手机摄影与后期处理，帮助自己多拓展一个爱好，丰富业余生活。

如果你长相普通，没关系，只要你利用好单身期打造自己，就算做不到人见人爱，你也有自己的资本闪耀绽放。你要知道，一个人的外貌和超市里琳琅满目的食品一样，无论多么美丽精致、秀色可餐，总有一个保质期，到了保质期后，便不值钱了。而内在提升没有保质期，相反，你年少时打造自己，是给以后打基础。因为有些知识，会使你越来越有阅历，也更加值钱。

2.先脱贫，再脱单

现在的不少人都忙着脱单，却没有想过先脱贫，于是，你存了很久的钱，却只是在周围旅游，没有去繁华的大城市开开眼界；看见了心仪已久的服装、手表、化妆品，好不容易攒够钱了，却只是悄悄记下编码网上买仿品；一边说着减肥，一边又吃着垃圾食品，既没营养，减肥也不会有什么效果，一点都不对自己负责。青春只有一次，对自己负责的态度是在有资本的前提下，能好吃好喝时就不要亏待自己。

你才二十出头，正有大把时间用来努力奋斗，还担心什么来不及呢？你说脱单重要，但对于男生来说，没有物质的保障如何稳固爱情呢？对于女生来说，如果你自己不够独立没有钱，那你只能依附男生生活，像皮球那样被别人踢来踢去。当你脱贫了，那么自然而然能够脱单，因为这时候你的物质得到了保障，那么你遇见的人也会和你一样优秀。

3.多多奖赏自己

单身日子里，不管是晴天还是雨天，不管是得到什么还是失去什么，都不要忘记好好奖赏自己。

工作或学习中取得成绩时，可以去高档的餐厅吃一顿美食，或者买一件自己喜欢的物品，甚至奖励自己出门旅行。一个人在家也不能过得随意，就拿我自己来说，周末时我会早早起床，吃一份三明治，喝一杯牛奶；下午时会做水果沙拉。我要做别人眼中看起来很了不起的单身贵族，而不是让别人怜悯的单身狗。

学会奖赏自己，不是说只有事情做得好才有奖励，不好就没有奖励，如果事情做得不够好，也可以给自己一个小小的奖励，鼓励自己再接再厉。

4.用取长补短的方式接纳自己的不完美

每个人都有自己的长处与弊端，单身期便是你弥补短处的好机会，因为你不会因为自己不漂亮被对方嫌弃，也不会因为忙碌没时间提升自己；相反，你在单身期有足够多的时间既能不断地巩固、提升自己的长处，又能巧妙地弥补自己的短处。

如果你觉得自己胖，但是你声音好听，那么你可以练习普通话呀，把声音打造成你的优势，尝试着往电台主播这个方向发展。或者，你也可以朝着动漫配音的方向发展。你在提升自己爱好的同时，你也可以减肥，这样，你就不会因为胖乎乎的身材而自卑了。

扬长补短的前提并不是对自身存在的缺点避而不见，而是坦然地接受自身的不完美，你可以仔细研究怎样去修饰自己的不完美，就像美图照片一样，给自身的不完美加暖色调、暖文字与好看的背景图。此外，不断地练习扬长补短还有一个好处，便是提升你的自信心，让你有勇气摆脱单身，主动地与自己的缘分碰头。

所以，你的扬长补短是把你的优势打造成别人称赞的地方，这样，别人想起你时，会淡忘你的弱势，而首先想到的是你身上的闪光点，想到你是一个温暖、积极、热爱生活的人。即便别人提到你身上不完美的地方，你也不怕了，因为你有让自己抬头挺胸与屹立不倒的资本，或者，骄傲地对那些喜欢打击你的人说一声“关你什么事”。

亲爱的，如果你恰好单身，千万不要把单身生活过得一团糟。对我而言，我把过好单身期当作是成长中的一门必修课，因为只有利用好这段时期建设自己，等到恋爱后，才既有能力更好地爱对方，也能让彼此都变得越来越好，如同在单身期种下一颗种子，只要你悉心照料，将来这颗种子开花结果后，自然会带给你收获与美好。

想要职场人缘好，记得做好这四件事

几天前，朋友阿勇告诉我，现在的他不会再忙着去苦心经营人脉，因为就算他费心尽力地交了一个很优秀厉害的人物，但自己在对方眼中什么都不是。

阿勇说，前段时间他和他们公司的经理一起去见客户，经理在客户面前举荐了阿勇，说这个人做事有责任心、沉稳，是个值得栽培的人物。阿勇见经理与客户说完后，也主动去敬酒。而后，客户让助理留下阿勇的联系方式。

当时的阿勇以为自己在以后的工作上会有贵人相助，谁知道没过几天，当他准备给这个客户发祝福语时，打开客户的微信发送信息后，却显示需要添加对方为好友。

这时候，阿勇才明白，原来他被对方拉入了黑名单。阿勇的心里略微有一些难过，他以为自己付出的成绩得到了认可，结果却不尽如人意。

由于阿勇平日里与经理关系比较好，私下聊天时，阿勇把这件事情告诉了经理，经理对他说，也许他现在的身份只是一个“打工者”，没有撑得起台面的标签，所以在客户的眼中阿勇没有什么可以有效发展的关系，当时加上联系方式也只是露水情分，习惯就好。

经过这件事后，阿勇告诉我，现在的他默默努力，一边做好工作，一边也多看书找到适合自己发展的爱好，他说要把自己变得光芒万丈，让别人来主动结交他，让自己成为能够帮助别人的优秀人物。

这是一个爱憎分明的世界，别人所说的只有优秀的人才能够拥有优秀的人脉，这话一点儿也不错，因为优秀人物接触的人脉圈子都和自己同等水平。如若你想去结交优秀人物，发展自己的有效人脉，不如先把自己打造成别人想要来认识你、结交你的优秀人物。

1.职场新人要学会先储存人脉

我的一个大学同学刚刚工作时跟我分享了这样一件事，那时候的她由于在媒体工作，可以得到很多采访名人的机会，于是，她借此采访机会，每采访完一个人，都会和这个人合影，然后记下对方的联系方式或者其助理的联系方式，最后晒朋友圈说今天认识了某某名人，并附上合照。

于是，很多同学点赞或评论说她运气好，能够认识那么多厉害的人物。没过多久，这个一向爱晒照片的同学突然删除了所有内容，只留下一条信息，大概内容就是说一切都是虚无，看透了朋友关系，只有自己努力才是最靠谱的事。

后来，这个同学单独发QQ告诉我，工作大半年后，因为发生了一些小事情让她明白，能够和那些名人拍照，甚至自己手机里存有别人的电话号码根本没有什么用，因为自己什么都不是。那时候年轻气盛，总喜欢炫耀，以此而扬扬得意。最后才发现，能够让名人主动打电话给自己，甚至自己身上有让优秀人物称赞可圈可点的地方，这才叫厉害。

也许你刚好大学毕业参加工作，既小心翼翼，又想储存优质人脉帮助自己发展，但你又无从下手，怕做得太明显了别人看出你很功利。咪蒙说过，这是一个功利的世界，的确如此啊，职场里当然得谈好坏，谁愿意和你谈情怀啊，又不是搞文学创作的。

关于储存人脉这一点，如果你是职场新人，我的建议是先从良好的礼仪做起，从细节处让别人对你感兴趣。

见人主动打招呼且面带微笑，不要背后说同事坏话，其他同事说坏话时你可以选择走开或者转移话题。平时去上班，可以带一些小零食给同事，看见办公室里有垃圾也随手扔掉，随手把不干净的地方弄干净。领导或同事在加班，可以问一句有什么需要帮忙的地方。总之，做好职场中的小细节，让别人知道你是一个“懂事”的人，为自己增加别人主动接近你的机会。

2.在工作中打造核心竞争力

为什么这个社会那么注重人脉？因为你要生存、要发展，就必不可少地需要别人的帮助。但是，职场里的人那么多，如何成为职场里涨工资、晋升最快的那个人呢？这就需要你学会打造自己的核心竞争力。

所谓的核心竞争力，也就是要培养你岗位上的稀缺度，你要具备一个你有但别人不会的能力，这个能力能够让领导快速记住你，也能够让别人需要帮忙时可以第一时间想到你。不过，对于这种稀缺度的能力的培养，不要想着一飞冲天，毕竟做任何事情都需要循序渐进。

拿我自己来说吧，因为在大学里学过速记这门课程，并且很感兴趣，也向老师讨教了很多，所以课余时间自创速记符号，整理手写速记的基本要求与套路。有时候也会让我妈妈读一些新闻报道，然后我来快速记录，再进行翻译整理看看需要耗费多长时间，然后尽量缩短。

当时我在大学里做这件事情时，一些同学不理解，认为录音能够搞定的事情为什么还要用手写速记，而且完后还要把那些乱七八糟的符号翻译成文字，这不是自讨苦吃嘛。经过我默默地坚持与努力，我并不认为这是自讨苦吃，尤其是我参加工作去采访时，在资料需要保密并且不方便录音的情况下，我会用手写速记记录。所以，在职场里千万别小瞧你会的技能。如果你会PPT，那么你可以继续把PPT研究好，可以看看秋叶老师写的与PPT有关的文章；如果你会英语，可以运用到工作当中。总之，把你的爱好与工作内容相结合，这就是你的核心竞争力。

3.多拜访有经验的前辈

刚刚参加工作时，我也着急着如何才能拓展人脉圈子，认识可以帮助自己甚至提携自己的贵人。幸好办公室里的一个姐姐很照顾我，她告诉我，要多以谦卑、好学、诚恳的心态去向有经验的前辈讨教，因为这些有资历的前辈不仅能够教会你一些知识与人生道理，同时，他们阅历深、人脉广，如果觉得你人不错，是一个值得栽培的好苗子，那么，对方自然会向别人推荐你。

拜访别人的前提不是让你声势浩大地去拜访，做好你眼前该做的事情，懂得基本的社交礼仪，为人聪明、懂事、和善、靠谱，自然会有人引荐你去认识行业里的前辈。这时候，你不需要自卖自夸，旁人也会如实跟别人说你平时工作努力积极优秀的一面。

除了多向资历老的前辈讨教经验以外，同行中优秀的人物也可以多请教，但一定要舍得。如果对方出书，舍得钱买对方出的书籍，仔细看完后发邮件讨教问题；如果与对方与你在同一个城市，舍得请对方吃一顿美食；如果对方在网络上联系，舍得给对方发一个红包。你只有先舍，才有得，毕竟天下没有免费的午餐。

4.提升自己，让自己成为花朵

我之前写过一篇关于人脉的文章，也提到先打造自己，因为当你足够优秀、足够好时，人脉才会不请自来。

你可以提升自己的学历，考取与工作相关的资格证书。学历看似不重要，却影响着你的工资与就业，甚至影响着你的晋升。如果你是一座花开茂盛的花园，那么自然能够吸引蝴蝶与蜜蜂的到来。俗话说得好，你是一个怎样的人，那么你便能够吸引怎样的人到来。

最近一两年，人脉这个话题很火，一些刚毕业的年轻人都着急着遇见带领自己走向成功的伯乐。他们只想着如何遇见，却忘记了遇见伯乐的前提是自己是那匹千里马。如果你什么都不是，凭什么让伯乐去相中一个毫无准备的人？

你呀，就是心急，告诉你很多次了别担心也别慌张，先打造自己身上值得挖掘的闪光点，让自己成为优秀厉害的人物。实际上自己变优秀时，已经向那些优秀的人物发出了邀请的信号，告诉了对方你身上闪闪发光的地方。到那时你们就可以进行资源互换。

毕竟，进入社会后，人脉最现实的一面便是资源互换，其次才是人情关系。你要相信，当你把自己打造成一个闪闪发光的人，成为既能帮助别人也能让别人主动找你寻求帮助的人时，其实，你已经累积了人脉。

让自信心爆棚的方法，先从说“加油”做起

读者小小问我：“如何做才能提升一个人的自信心？”

小小说她今年刚上大一，高中三年寂寂无闻的她想要在大学里散发光彩，做出一番自己的事业，于是，她竞选了班里的班干，也在学生会招人时去参加了选拔。为了能够进入学生会，小小做了好长时间的准备，功夫不负有心人，她成功入选。

由于小小的课程有时比较忙，但她尽量不耽搁学习也不耽搁学生会里的工作。在老师看来，小小是一个踏踏实实做事情而且安静、话不多的女孩；在她自己看来，话不多是因为自己性格有一点点胆怯，缺乏自信心，所以少说多做，希望把事情做好能够得到别人的认可。

某一次，学生会里举行工作总结会，看着别人的发言很精彩，这让小小慌了阵脚，她担心自己等会儿说话时吞吞吐吐、逻辑不清，会被别人笑话。

果不其然，轮到小小时，她说得吞吞吐吐，眼神也飘忽不定，惹得其他同学都催着她赶紧说完好去吃饭呢。甚至，学生会里向来自以为了不起的副主席说小小既然没自信不敢发言，就建议她去演讲与口才协会多多学习，这人话中带刺，故意用一副嘲讽的口吻说出来。

当时小小没反驳，等到结束后她去找刚才挖苦她的那个女生理论，对方倒是摆出一副我是大爷你得听我的样子一个劲儿地数落小小，说她既然缺乏自信，为什么又自讨苦吃来参加学生会工作。更气人的是，那个人说像小小这种胆小不自信的女孩子，一辈子也就这样了，将来找的老公也和她一样胆小如鼠。那天，小小一路哭着回宿舍，同学问她怎么了她也没说，就躲在被窝里哭。也是从那天起，小小发誓要改掉自己这种畏首畏尾不自信的性格。

自那以后，小小走路抬头挺胸，不管看见“友军”还是“敌人”都微笑，尤其是对待那天挖苦她的女孩，她笑得更热情。在工作上，她努力做好方案，做好老师安排的每一次活动；在学习上，她和班里热爱学习的同学每天坚持组队去图书馆打卡学习，而且，她还偷偷联系了演讲与口才协会的同学，请求别人教她提升自信心。

男孩告诉她，想要充满自信，首先要做到的就是学会走路抬头挺胸、面带微笑，与人说话时要看着对方的眼睛。后来的小小变化挺大的，她在心里暗暗告诉自己，一定要做出成绩让那些不看好她的人知道，她不是一个说话颤抖、眼神飘忽不定的人，她是自信、乐观、努力的女孩子。

小小在努力提升自己的过程中，也收获了爱情。那个教她提升自信心的男孩子主动追她，说她是一个善良、努力的女孩，两人约好一起在大学里努力，一边恋爱一边认真学习。

有些人喜欢挖苦你、打击你，是因为想让你和他一样庸俗、懦弱、一事无成，你千万不要中了对方的奸计。当有人挖苦你时，你千万别去搭理，如果你在意就跳进了圈套里；如果你不闻不问，默默努力提升自己，等到最后，你的实力与成绩就是最好的反击。

我读初中、高中时也是一个缺乏自信的人，后来的我是通过坚持写作与努力才慢慢培养了自己的自信心，慢慢找到了让自己不畏惧旁人眼光的资本。想要活得内心强大，让自己充满自信有更多的能量面对外界的风风雨雨，你可以试试以下五个方法。

1.多肯定自己、欣赏自己

大多数人缺乏自信是因为爱给自己泼冷水，不爱表扬自己，更看不见自己的优点，即便身上有一些特长，也会自怨自艾地说“这有什么用，比我厉害的人那么多，还不是比不过别人”，如果你总是这样想，你的自信心自然会被打垮。

你要想想，自信心就像一个小孩，如果你多说鼓励、支持、乐观的话，那么他会越来越自信、勇敢、坚强，他会茁壮健康成长；如果你总是说一些负能量的话，总是抱怨自己一事无成，总是觉得别人样样都比自己好，总是喜欢给自己暗示“我不行，我很丑，我出身卑微，我一辈子就这样”的话，那么你只会越来越糟糕。

生活中，多对着镜子说一些鼓励自己的话，配合着加油的动作或者做些古灵精怪的表情让自己放松，或者，在电脑面前甚至手机桌面设置话语提醒自己多微笑，多给予自己正能量的暗示，告诉自己我很棒，只要我今天在努力，这也是成长。

2.坚持做好你喜欢并擅长的事，再发展新技能

我在很多文章里多次提到过，无论是针对自卑还是自信而言，坚持做好你喜欢并且擅长的事情，既能帮你打败自卑，也能助你提升自信。这会告诉你，你是一个很棒的人，因为你在用自己的方式与能力追逐自己的梦想，没有浪费时间。

做自己喜欢并且擅长的事情，能够挖掘出你的优势，会下意识地发现自己并不是别人眼中什么都不会的人，你也有自己的闪光点。当你把自己擅长的事情做出成绩后，这些成绩的取得也会给你带来自信，至少，你会比别人快一步找到优势，然后专注发展。

除了坚持做好你喜欢并且擅长的事情，你也要学会发展新技能。很多文章告诉我们，无论是在工作中还是学习上，你都要做一个无可替代的人。话虽如此，但真正能够做到不可替代的人，又恰恰只是少数，大部分人都大同小异。所以，你得换个思维思考问题，你不必去做那个不可替代的人，你要做的就是给你新发展的技能锦上添花。

比如，你会编织，那么可以在网上或者大学里给别人定制专属的编织故事，然后写一篇编织小教程分享在简书网

上；你喜欢写一些琐碎的句子，那么你可以在大学贴吧给别人设计情书、道歉信等；你擅长英语，那么你可以试着翻译古典文学，甚至用俏皮的句子去翻译一些名家作品。总之，给你擅长的东西增添一些亮点、一些与众不同的地方，你照样能够在自己的天地里做得风生水起。

3.以替代物转移你的坏情绪

当你照镜子时，如果你对自己的长相并不满意，你肯定又会胡思乱想，觉得自己长得不漂亮（帅气），因此把心情弄得很糟糕。面对这种情况，你可以找寻替代物来转移自己的坏情绪。

如果照镜子觉得不漂亮，那就对着镜子里的自己开玩笑说“我要研究搭配，好好打扮自己，也还是不错的”，你给自己暗示“漂亮”这类关键词，也自然就远离了坏情绪。

又比如，在学习或工作中有一件事情做得不够好，此时，先别责备自己，你可以用累积经验来替代你的坏情绪，告诉自己做得不好没关系，成功者都有失败的时候，更何况自己这样一个奋斗中的人，只要吸取经验，下次做好就可以了。

替代法的好处是告诉自己既然已经发生了的事情我们无法

改变，那就不要庸人自扰了，应该想着你要如何解决问题。

4.转变你的悲观的情绪

在做一件事之前，不自信的人首先想到的是这件事做得不够好会给自己带来种种坏处，自信的人则会想着如何把这件事情做好，就算真的失败了，我能从中吸取到什么经验，帮助自己更好地成长。

当你做一件事情前，比如你准备考研，先别去想竞争甚至失败等种种问题，你应该先想想考研带给你的好处，比如提升了学历、眼界与能力，帮助自己扩展就业面，给自己的人生更多一种可能。

因此，在做一件事情前，要先转变你悲观的情绪，用乐观积极的思维方式展望一下未来，然后再把可能会面对的问题进行对比，最后你会发现，积极的态度才能让你成长，让你活得精彩。

5.去模仿你的榜样

找个优秀的人物去模仿他，这能够激发你的积极性与上进心，因为如果你知道你喜欢的人都在努力，你也会去模仿他的行为、他的方式努力生活。

有一个学习与模仿的榜样，在自己追求梦想的路上感到疲惫辛苦时，能够想起自己引以为傲的人都在为梦想奋斗，那自己受的伤痛、磨难又算得了什么。这些都会帮助自己迈向成功的阶梯。

这个世界可能真没你想得那么完美无瑕，会让你流泪、伤心、难过、想逃，这些才是真实的世界，但你不要因为这个世界的残酷就不去奋斗，你不努力、不改变自己，世界只会变本加厉地欺负你。如果你努力了，也许还会有反败为胜的机会，至少你没有在本该努力的年纪辜负自己。

PART 6

总有人会陪你
把平凡日子过得光芒万丈

感情是自己争取的，要多一点点套路，多一点点真诚，也多一点点理性。大多数情况下，你与恋人的矛盾激化，都是因为你不肯用心去想如何解决问题，不肯用套路去逗对方开心，以致把生气化为了糨糊。

你又不是公主，凭什么坐上王子的白马

如何吸引一个男人的目光？

嫒嫒说她暗恋社团里一个打篮球超棒、长得酷似吴彦祖的男生。每次和同学看他打篮球时，嫒嫒都会看得少女心怦怦怦直跳，好几次想霸道地冲上去抱着他猛亲一顿，然后昭告全校说：以后你就是我的人了，没有人能够抢走你。

看见她这样的想法我只恨为什么我不在她身边，真想拿镜子给她照照。这样的姑娘多半单身久了，又受到傻白甜爱情小说与偶像剧的影响，想去谈一场轰轰烈烈、红尘

做伴的恋爱。然而，喜欢男神的女生那么多，你凭什么杀出重围呢？

媛媛说她也只是想想而已，的确不敢表白，相貌普通、身材平平的她，根本不知道该怎么才能主动勾搭别人。前几天她好不容易从同学那儿拿到男生的微信后，又失望了，因为男生很少发朋友圈，最主要的一点是，媛媛每次都给男生发“早安”“午安”“晚安”，男生都不搭理她，这让媛媛很苦恼。

于是，她又去网上搜索“为什么男生不回复自己的朋友圈”“普通女生如何追男神”“为什么帅哥都高冷”这样的问题，试图从这些话题中找到一些蛛丝马迹去破解谜题。

媛媛和我说完自己的烦恼后，我再一次感到无语凝噎，因为泪水都被她气没有了，哪有什么心情去凝噎。女追男虽然没错，但是拜托，你要追的是男神，而且是高冷男神，更何况你自己都说过自己什么都没有，只是一个普普通通、表现平平的女孩子，这样的你，又拿什么去追万人捧的男神呢？

这世上最可怕的是，女孩子明明不漂亮，以为洗了头发、化了妆就赛过西施；男孩子以为剪了头发、穿了新衣就比过潘安，别说是梁静茹的《勇气》给了你自信，萧亚轩给了你《冲动》。在这看脸的时代，你需要的是TFBOYS给的《不完美小孩》，接受真实的自己、取长补短才是你应该做的事情。不够漂亮怕什么呢？可以通过自己每一天的进步与努力，让自己活得nice又“耐撕”。

说实话，像读者嫒嫒这样的女孩，和我们周围大多数女孩子一样，整天花时间想着如何能够与男神见面，如何给男神表白，如何评论男神的朋友圈或微博让他主动找自己聊天。

我的朋友们，退一万步想，就算男神回你评论，与你一起吃饭又如何，丑小鸭还是丑小鸭，男神根本不会看上你。相反，那些懂得为变成白天鹅而努力的丑小鸭们，男神也许会多看一眼，为什么呢？因为努力过程会消耗运动量啊，当你瘦了，自然会多吸引别人的目光，别忘记了大多数男人都是视觉动物。

此外，嫒嫒还和我说了一个故事。她说她身边一个表姐，在没有结婚前，总想着有朝一日要过上富太太的生活。现在结婚了，嫁了一个普通男人，才发现，原本普通的她，也只能配得起一份普通的爱情，因为她根本没有为自己理想中的生活努力过。

我说对啊，做人不要心比天高，万一跌落下来没东西接呢？做人应该脚踏实地。我这句话还没有发送出去，媛媛又立马回复我说：“但是我不甘心啊，我也想过富太太的生活，每天只愁穿什么衣服出门逛街，不愁生活。”

她这样说完，我又想回复她虽然你长得不漂亮，但你想得很美，想想还是别说狠话了，只是告诉她想要参加王子的舞会，首先要找到一双适合自己的水晶鞋。想要坐上王子的白马与王子双宿双栖，首先自己也得是个公主。

我写文章这么多年，总能收到一些姑娘发来的信息，她们的问题无非就是自己相貌平平、天资一般，如何才能遇见男神，让男神爱自己爱得死去活来。每次看见这些问题，我都想恶狠狠地说一句“你适合活在偶像剧里”，不过又想想，不能伤人自尊，又苦口婆心煮鸡汤告诉她们女孩子先让自己变得努力、优秀，然后才能遇见与自己旗鼓相当的人。

有些姑娘太天真，她们笃信着未来的某一天，在街角转角处，在咖啡馆里，或是在公交车或地铁上，会有一个风度翩翩、英俊潇洒的男人走过来与自己打招呼，让自己留下联系方式，然后与之产生童话般的爱情。不好意思，帅哥即使要勾搭女生，也只勾搭内外兼修的美女。

也有姑娘认为，自己的盖世英雄会驾着七彩云潇潇洒洒地来迎娶自己。不好意思，你邋里邋遢、浑浑噩噩，他不是来迎娶你的，他只是向你问路。

很多女孩子可能并不优秀也不貌美如花，但喜欢幻想、喜欢做梦，这真的是病，得斩草除根！你看着那些普通女孩找了一个帅气又优秀的男朋友，你不甘心，其实你不知道，她们也同样漂亮、优秀，即使长相一般，但绝对优秀。而你就不要把心思与时间耗在让男神注意你这个话题上，你要做的是花心思建设自己，把自己打造成有公主命的女人。

上天虽然给了你普通的生活与普通的外表，但相信我，当你通过持续不断的努力，让自己变得闪闪发光，你也同样能够吸引别人的关注，成为男生眼中追捧的女神。真的，我也是从曾经普通自卑的小男孩，靠坚持不懈的写作，逆袭成现在小有成就的大男孩。

女孩子们在变优秀这条路上，实在是有太多坎要跨。但是，当你决定了要朝前方跑，就不要被外界嘈杂的声音影响。比如，身边的七大姑八大姨会告诉你“女孩子家家的，不就是洗衣做饭带娃嘛”“普通人奋斗没用，别想飞上枝头变凤凰”“那么拼干吗，也不照照自己什么样子”，面对这些问题，你都可以大声地告诉这些不安好心的人们“我就是照了镜子看见自己不漂亮，所以我才要改变自己，让自己变优秀美好，将来找个同样优秀帅气的男人结婚”。

傻姑娘们，你要记住那些打着“我为你好”的旗帜，劝你相信婚姻改变命运，女人就该靠男人生活的人，都很可怕，你要远离这些人。人都靠不住，更何况爱情呢？

爱情随时都会离开，会一直不离不弃陪伴你的，是你自己在努力过程中得到的经验，是你不断完善自己的资本。姑娘们，在你少女心蠢蠢欲动的年纪，与其总是花心思想着穿什么衣服好看能留住男人，不如多花时间建设自己、打造自己，让男人来留住你。

姑娘，你想用玻尿酸、水光针让皮肤永远年轻，永远貌美如花，你想用奢侈品包包、衣服武装自己，目的是艳压群芳，吸引帅气又有才的男人的目光。但你知道吗？这些外在的美丽都有保质期，只是让你好看一时，不能让你强大一世。能让一个女人一辈子都屹立不倒的东西，是你自身的能力与一直坚持的爱好，这些没有保质期限制，相反会让你越活越生猛。

普普通通的你，不要再把时间耗费在取悦别人上面，你现在应该做的是把自己变成一株向日葵，散发光芒的同时也能吸引对象的靠近。你想要遇见白马王子之前，先照照镜子看看你是不是公主，但不能打开美颜相机照哦，那是虚拟的，那只会让你越来越无法看清自己最真实的一面。

你要做的是承认自己的不完美，然后去用自己擅长的东西掩盖这些不完美。当你自带光环，才会有踏着彩云的盖世英雄为你而来。

失恋是最好的增值时期

1

在爱情里，有一种傻姑娘认为只要自己做了让前男友感动的事，他就一定会回头。

方方就是这样的傻姑娘，为了让前男友李同学回心转意，她费尽心思做了很多讨好前男友的事。

比如，方方会在李同学生日时，耗费自己半个月的工资给他买一件昂贵的礼物，目的就是让李同学知道，只有她的爱才足够珍贵；李同学发朋友圈说自己心情不好时，方方不仅会发一个安慰红包给李同学，还会在网上找一些段子视频给李同学看；李同学如果公开秀恩爱，方方会想方设法证明那个女生没有她那么爱李同学。总之，方方与李同学分手后并没有彻底地斩断情根，两人还是像朋友那般保持着联系。

说起来，方方与前男友李同学谈了三年时间，最后还是不欢而散。这让朋友们都感到意外，因为方方与李同学的关系太亲密了，他们很少吵架，动不动就秀个恩爱，晒合照更是家常便饭，两人相亲相爱的举动让大家都认为他俩会结婚。结果意想不到的事情发生了，李同学以三个字“厌烦了”结束了他与方方之间三年的感情。

刚分手那会儿，方方哭得死去活来，完全就是琼瑶剧里女主角的架势，动不动就说“即使我得不到，别人也休想得到”，动不动就会发一些很丑很憔悴的照片在朋友圈，就是为了让大家伙都知道她是一个很痴情和专一的人。拜托，别人只会认为你是爱情里的傻瓜，你费尽心思拍美美的照片，结果因为一张失恋后憔悴的照片曝光出来，你前期在别人心里累积的好印象全都没有了，大家都会认为你是一个在感情上不理智且十分任性的人。

某一次，当方方知道李同学心里还有自己时，几乎每天发几十条信息给李同学说一些复合的话语，她以为李同学会心软、会认输，谁知道方方越是这样做，李同学就越是不会回头，越讨厌她的这种行为，甚至说得不好听些，李同学可能还会跟他身边哥们儿说有一个傻姑娘分手了还对自己百依百顺，真没见过如此奇葩的人。

我对方方说了无数次不要对已经离开了的人那么好，所谓的“还是朋友”只是吊住你胃口的假象，就是希望你目睹前任过得幸福快乐，甚至前任结婚时你还傻不拉几地送一个大大的红包，而你自己呢，过得糟糕，工作也糟糕，身材更糟糕。方方不听，她坚持认为李同学会回心转意，只要她持续不断地对李同学好，多给李同学一些小礼物，她相信李同学会与自己重新开始。

作为一个嘴毒心善的男闺密，我不能看着自己的好伙伴往火坑里跳啊，我直接戳方方痛处说你一个月就三千块的工资，没多少存款，也没去过多少地方，更没买过几件像样的名牌衣服，钱全都砸在前任身上了，你这样做一点都不值得！你父母都还等着你带他们出门旅游，而你还为一个已经离开的人哭得伤心欲绝，你简直就是在糟践自己！

方方听我这样说，思考了好几天，最后约我上街，当着我的面亲手删掉了前任的微信，拉黑了前任的手机号。她说她和自己的姐姐说了这件事，姐姐也狠狠地批评了她，她才觉得自己做的这一切都不值得，决定好好生活，好好工作，好好爱自己。

2

闺密沫沫曾开玩笑和我说，她十几岁时失恋了，买了一瓶啤酒，自己一个人坐在马路边哭得昏天黑地，头发也乱糟糟的，还一边流鼻涕一边拍照发出来让全世界的人都知道她失恋了，她很伤心。现在二十出头了，她只会努力工作赚钱，如若再次失恋，她再也不会坐在马路边哭，更不会让别人知道她失恋，她可以买一张去巴黎或者泰国的机票，在无边际的泳池里拍照，享受着红酒、蓝天、白云，让别人知道她是在度假，而不是失恋了。

年少时失恋，希望你记住惨痛教训，告诉自己，二十几岁我要努力，等到三十岁后如果有人对自己不好，买一个LV

的包安慰自己，因为“包”治百病啊。

2014年沫沫失恋时，我给她写了一篇文章，说她对前任念念不忘。现在，她不会旧事重提。在她看来，只有傻女孩与没本事的女孩才会沉湎过去，才会为一个不爱自己的人伤心落泪，她才不会呢。

她说自己擦的是香奈儿口红，用的是纪梵希的粉底与迪奥眼影，喷的是巴宝莉香水，自己的化妆品那么贵，她才不会去为一个不爱自己的人流泪，就算要流泪，也要为爱自己爱得死去活来的人哭泣。

现在的沫沫谈了男友。她对待爱情的观念不是完完全全依附在一个男人身上，她也有很努力地做好自己该做的事情，业余时间发展自己擅长的播音主持的爱好。她想让别人知道，她的爱情不是谁依附了谁，而是势均力敌的陪伴，你有面包，我也有面包，爱得理智而不攀附，与男友都在为理想中的生活努力。

如果你不是林黛玉，就别想做出风情万种的动作给生活看，生活才不会因为你失恋就对你百般宠爱。当你因为失恋不想工作时，因为失恋心烦意乱时，因为失恋觉得迷茫、忧愁时，请你“将薪比薪”地想一下。想想这个月的房租交了吗？给父母寄钱了吗？水费、电费、网费、手机费马上得交了，钱够吗？别在本该专专心心、踏踏实实努力奋斗赚钱时，因失恋为前任伤心。

别以为你失恋了发个朋友圈、微博、说说就能引来很多人的安慰，就算别人给你安慰又能怎样，生活的烦恼不还是得自己去解决。活在这钢筋水泥的城市里，不要轻易地把自己的伤口给别人看，因为心灵治疗师很少，给你伤口上撒盐的人很多。

你也别受了点挫折、委屈就说世界对你不公平，一点都不关心你失恋了。你以为你是谁啊，世界为什么要关心你。世界那么忙，没空听你的烦恼，世界只关心努力上进的人，因为这类人即使遇到困难了，世界也会想方设法为他们排忧解难。

3

玉子告诉我，她曾经失恋的那段时光，简直惨不忍睹。

第一次失恋时她没有感觉，因为对爱情懵懂无知；第二次失恋时，她感觉整个世界都崩塌了，一直搞不明白自己那么死心塌地地爱着一个人，为何对方最后要选择分手。于是，为了寻求个答案，她每天放学后堵在学校门口等男生出现，问他为什么要分手。

男生不搭理，玉子就去学校贴吧匿名发帖子骂男生，后来男生实在忍受不了了，就重新谈了一个女朋友，直到那个女生对玉子说她不够漂亮、不够优秀时，玉子再次受到打击。她发奋努力学习，目的就是证明给男生看，只有她才配得上他。

现在长大懂事了，玉子和我说起这段往事时也会说曾经的自己是个傻姑娘，认为把自己变美丽、变优秀就是为了给男生看，其实并非如此。你把自己变得美好、温暖是为了证明给自己看，让自己知道这世界不离不弃的东西，唯有努力，唯有它伴你天长地久。

我们每个人都有一段不堪回首的失恋经历，只是有人长了记性，知道爱情不是生活的全部，爱自己才是每时每刻该做的事情；有人好了伤疤忘了痛，以至于后来再次失恋时，仍旧为前任哭得一把鼻涕一把泪，却没想过因为失恋把自己弄得蓬头垢面，又怎么会遇见阳光灿烂的男孩子呢？

失恋后的正确做法是，可以伤心一下下，但不要因为自己的伤心难过，就耽搁对的人到来。你失恋后，应该化一个美美的妆容，穿漂亮的衣服，然后约上闺密逛街。要知道，你把自己打扮得那么漂亮不是用来哭的，是用来遇见那个精神抖擞的帅气男孩的。你想想，如果那个对你不够好的前任不离开，你又怎么会遇见现在身边这个陪你哭陪你笑，陪你细水长流过日子的他呢？

如果前任离开了，千万别为过去哭，你的眼泪挽不回一个决绝离去的人。如果你真的因为失恋想哭，那么请你哭完后想想你的化妆品很贵，不要为不值得的人流泪。当有人给你介绍对象时，或者去参加晚会时，你一定要把自己打扮得艳压群芳，因为你要让正在朝你走来的人知道，你值得他拼尽全力来爱。

安全感要靠自己，而不是不让别人给

很多女人说没有安全感，于是旁人会说“嫁给好人家便是安全感”。你可别美滋滋地认为别人是在表扬你，别臭美了，这句话只针对那些本身漂亮、家庭条件又好的女孩子，因为这样的婚姻对于她们而言就是强强联合、锦上添花。

普普通通的你就别天真了，不要总是认为在路口的转角会遇见真爱，转角不会遇见一个高大威猛帅气的男人坐在高级餐厅里吃饭，你转角遇见的可能是沙县小吃。

女孩子们总是嚷嚷着要找安全感，其实安全感不靠你找，也不靠从男人身上索取，安全感得靠自己建立。我认识的个别女孩子虽然长得不漂亮，但是她们工作成绩突出，在大学里横扫各项奖项，大学毕业后又是公司里的佼佼者，她们买得起自己想要的东西，根本不会缺乏安全感，因为她们努力的姿态便是她们的安全感。

你的工作能力、挣钱能力以及知识储备能力都是你的安全感，甚至是让你一辈子的“铁饭碗”。当你内心富足，自身强大，便不畏惧生活发出的狠招，因为你不再是那个手无寸铁的人了。

网上有一句烂大街的话说“你是什么人，便会遇见什么人”，某些情况下，这话说得没错。如果你不思进取，整天打游戏、追剧、打牌，那么你的圈子里都是这样的人，大家只想着游戏升级，未曾想过给自己的生活与思想“升级”。

如果生活中的你忙着提升自己，热爱工作与学习，周末报培训班拓展能力，那么你遇见的都是和你一样积极上进的人。当然了，我并不是说你非要摆出高人一等的姿态，交朋友要分三六九等，只是说在面对生活的诱惑时，要多一些自控力。

那些你眼中的她外表好看靠的是化妆，有什么了不起；她不就是家里有钱平台好嘛，有什么了不起；她不就是名牌大学毕业嘛，有什么了不起。说真的，这些人真的比你了不起。如果你只知抱怨而不努力，那你就活该羡慕嫉妒别人的优越与漂亮。

上次和朋友荔枝在深圳逛街时，我俩坐在星巴克喝咖啡，她突然抬头问我："是不是女人就一定得靠嫁一户有钱人家，才能活得漂亮？才能扬眉吐气？"

听见荔枝这么说，我扑哧一笑，差点喷出嘴里正在吃的面包。平时一向信奉"独立"与"努力"的姑娘，怎么会突然产生这样的想法呢？我问她怎么了，荔枝才说，她看着身边的一些同学、朋友都嫁了一户好人家，其中有一些是初中时期特别贪玩的女孩子，也嫁进了有钱人家，她忽然有点怀疑自己努力奋斗的意义，担心再怎么拼也拼不过别人不费劲就能得到的一切。

原来，最近的荔枝总是被家人有意无意地提醒赶快找个有钱人家嫁了，女孩子活得像"铁金刚"那么努力、那么拼，没有几个男人会喜欢。男人们喜欢女生小鸟依人，不喜欢女生大鹏展翅，只有娇滴滴的女孩子，才是男人眼中的尤物，尤其在我们这儿的小城市，大多数家庭都信奉着一个平凡甚至出身贫穷的女人只要嫁进了有钱人家，就能改变颠沛流离的命运。

生活中，总有一些声音告诉你"女孩子嘛，找个好男人嫁了就能改变命运""活得好不如嫁得好""女孩子就得靠男人才能活好"，于是，慢慢地，你也开始提醒自己，我要嫁有钱人家，我要过富太太的生活，我要靠婚姻改变自己的命运。

傻姑娘们，别一傻再傻了，当初你信奉别人说女孩子不用太努力，于是，你得过且过，后来看见那些努力的姑娘过得比你好，你骂骂咧咧，心有悔恨。现在，你二十几岁了，该是你自己做判断的时候，就不要把决定权交到旁人手里，因为婚姻不能改变你的命运，能够改变一个人命运的东西，是持续不断的努力与坚定的信心。

婚姻与爱情一样，只是锦上添花的东西。如果彼此的身份势均力敌，那么这份爱情甚至婚姻，便能愈加枝繁叶茂。如果你一无所成，就算嫁给了首富，这样的婚姻也只能帮你一时，不会让你一世都潇洒快活。

在生活中，会有这样一小撮的女人，她们努力把自己打扮得漂亮优雅，这类女孩子们精心自拍、认真化妆，喜欢阅读与健身，积极参加各类party，认识不同的朋友，目的就是能够搭顺风车进入上层圈子，以此与白马王子相遇，从此过着童话里白雪公主与王子相亲相爱的美好生活。

在我看来，那些妄想通过婚姻来让自己人生翻盘的女人，又或把婚姻当成“救命稻草”的女人，她们才是岌岌可危的。

一个努力提升自己、打扮自己、丰富自己的女人，如果只是把这些努力当作迎合别人的砝码，而不是建设自己的基石，就算嫁给了一户好人家，若是停止了自我学习，一旦男人嫌弃了你，婆婆对你唠唠叨叨，家庭给你压力，你就没有任何资本与招数去抵挡生活给你的刁难，而是哭哭啼啼，这才可悲。

我在2014年认识了一个读者莉莉，她是江西人，最初认识莉莉时，她还是一个整天纠结着如何忘记前任的小女生。那时候的莉莉即将大学毕业，她好几次和我提到等到毕业后，她要去前任居住的城市，问他为什么背弃了诺言。

莉莉和我说了她痛彻心扉的爱情故事，我只觉得她很傻。那时候与她聊了很多次，每一次她都有不同的体悟，到最后，她说先努力工作，做最优秀的自己，再去让男人排着队让自己选。

大学毕业后的莉莉完全焕然一新，因为她不再是那个认为只要我多联系前任，前任就会与我复合的傻姑娘了。平日里莉莉工作很拼，因为她想短时间里快速进入工作状态，以此证明自己的工作能力。除了忙于工作外，莉莉也去健身房锻炼，因为她既想拥有性感迷人的身材，也想去做淘宝模特，让自己成为人群中的焦点。

后来的时间里，我虽然与莉莉很少交流，但每一次看见她发朋友圈的照片时，我都会给她点赞，为她一点点的努力与改变感到佩服。前几天，莉莉发信息和我说，她认识了一个家庭条件不错的男人，这个男人做家居建材生意，两人谈了一年多的恋爱，准备在2018年结婚。我祝福她，我说你也是条件不错的女人，你看你真棒，不仅成为公司里的小领导，也拥有迷人的身材，还拥有了六位数的存款。

作家巴金说："生活就是不停地战斗，他的武器是他的知识、信仰和坚强的意志。"好的感情与婚姻，不是让你通过打造自己，把自己建设优秀后去谄媚迎合上层圈子，你努力让自己变优秀、美好，是为了让自己自带光环，让自己温暖绽放，用自身的魅力去吸引优秀男人的到来，而不是站在花丛中等风来，毕竟妖艳的花朵很多，必须得有不同的地方才能快速吸引喜欢的人关注。

一个妄图靠婚姻"扶贫"，靠婚姻让自己活得漂亮的女人，极容易被年龄捆绑，被时代淘汰，因为她们丧失了自我学习的能力，只想着用青春去讨好一个男人，而非自己。作为一个普普通通的女孩子，不要傻兮兮地站在原地等风来，应该把自己打造成一颗钻石，去吸引能够买得起钻石的人到来。

你发现了吗？无论是明星还是普通人，那些努力让自己变丰盛、强大、光芒闪闪的女人，她们知道建设自己才是

“扶贫”的根基，她们明白嫁“豪门”会有不可预知的困难，唯有让自己变成“豪门”，才有十足的底气与资本去笑对那些风雨。

女人们啊，在安全感系数低的感情世界里，别去依赖周围的一切为自己换取安全感，更不要认为感情与男人便是你的安全感，你要做的不是担心这个、担心那个，你应该好好打扮自己、建设自己、丰富自己，别整天把自己搞得跟街头最后三天大甩卖似的，这样只会显得你廉价又低端。

关于安全感，与其等着别人施舍，不如主动出击创造机会，毕竟安全感是通过你的努力、付出以及成绩的取得逐渐建立而得，别人施舍的安全感只是昙花一现。让自己变优秀美好，拥有一项拿得出手的能力，这才是一辈子都会围绕你不离不弃的安全感。

放下过去
才能拥抱未来

前几天，朋友阿曦约我去咖啡馆聊聊人生，我刚去，阿曦就开始入戏了。

由于咖啡馆空调很足，她抱着自己的双臂，嘟着嘴，眼神委屈，梨花带雨地对我说："都半个月了，我还忘不了前任怎么办？"

我白了她一眼说："矫情，再过几年都要奔三的人了，还忘不了前任。你现在应该做的，是规划好与眼前追你这个男生的未来。"我说完后，看了看阿曦，她仍旧故作姿态，用兰花指搅拌着咖啡，摆起一副受伤小女人的样子问我如何放下前任，去接纳一段新的感情。

很多傻姑娘在分手后会说，“时间会让我释怀”。嗯，时间释怀了你的伤痛，但你为爱情浪费的时间不会重来。姑娘们也会说，“时间会证明一切”。嗯，时间只会证明你是一个在感情里跌倒不敢爬起来的㞞货，以及前任真的、真的、真的、死心塌地爱别人。

说起来，阿曦与前任老伟在一起之前，她是一个超级不懂穿衣打扮、分不清口红牌子的女生，也是一个做什么事情都没头没脑、风风火火的“女汉子”。其他女生故意装拧不开瓶盖儿，阿曦一声“我来”，立马拧开了瓶盖儿。反正阿曦的性格大大咧咧，任何烦恼对她来说，只要第二天太阳照常升起，一切都不是烦恼。天生乐观主义的她，却没想到前任的分手竟给她带来了巨大伤害。

阿曦与老伟是高中同学，属于高中时代风马牛不相及的两种类型的人。阿曦是那种学习用功，但成绩永远都排在中等的女生；大伟属于上课睡觉，下课睡觉，沉迷于网络游戏的男孩，反正两人在高中时代根本没有什么交集。只不过，两人能够又重新认识谈恋爱，完全是因为老伟在贴吧里给阿曦发的私信。

那天，阿曦从拍的几十张照片里，选了几张发给很会P图的朋友帮自己P照片。过后，阿曦选了几张很满意、很漂亮的照片发在了高中母校贴吧里，美其名曰是学姐跟学弟、学妹打招呼，实际上是炫耀自己的美丽。

说来也巧，老伟便在阿曦的帖子下面留言说："我认识你，你高中时候不是这样啊，果真女大十八变，越变越认不出来了！"老伟这样回复阿曦的评论，实际上已经捷足先登拿到了阿曦的联系方式。

两人有了联系方式后，平日里交流的机会也就多了，谈天谈地谈青春往事，就是不谈对方到底是不是单身。最后，还是老伟被逼急了，他告诉阿曦，如果你不是单身，我就追你当媳妇。阿曦想都没想，就答应了，因为阿曦也喜欢他。

他俩正式交往后，阿曦似乎变了一个人，曾经大大咧咧的她突然变得小巧可爱了，穿衣打扮也有了风格，最主要的一点，她还瘦了10斤，其他女生都惊呼不可能，只有阿曦十分淡定地告诉大家，爱情让她变成了更好的自己。对于阿曦的变化我一点都不奇怪，那时候看着她喜欢发与男友老伟的日常，我就知道女人的能量本来就无限大，只是有了爱情才会被开发出来。

当然，女人身上巨大的能量在分手时，也会以山崩地裂的方式爆发出来，反正阿曦与老伟的感情画上句号后，阿曦堕落了好一阵子，直到现在还沉浸于忘不了前任的伤怀中。

刚分手时，阿曦不是选择买醉，也不是选择大哭大闹，而是选择继续坚持跑步锻炼，让身材变得更好，继续学习护肤穿搭，做一个有品位的女人。这样的失恋代价，在外人看来，也太划算了吧，能够刺激自己变得越来越优秀。但是在阿曦看来，她是想以比曾经更加漂亮、美好的方式来挽回前任，让前任可以和自己重新开始。

你可别犯糊涂啊，当你自己变得又美又漂亮又有能力后，千万别回头找前任，你要向前看，毕竟前方有希望，也有和你一样懂得上进的人在等你。

你说忘不了前任，无非是此时此刻你的身边没有一段令你满意的感情或看好的人填补你的空窗期。失恋后，有人忙着填补感情的缺口，也有人不着急恋爱，而是忙着提升自己。

我想起自己学生时代，傻乎乎地喜欢一个女孩子，为她做了很多“傻事”。我喜欢在放学的时候悄悄留在最后，鼓起勇气对她说：“今天老师讲的习题我不懂，能不能回家路上给我说说。”我喜欢买了课外书后，第一时间拿给她看；我喜欢打扫卫生时，把她坐的桌椅擦得很干净；我喜欢看她在国旗下演讲；我喜欢在日记本里写下与她有关的一切。

那时候的喜欢单纯又不顾一切，比如，我会在大冷天的早上去女孩住的地方，等着她一起上学，她问我怎么那么傻，我摸摸脑袋说：“冬天早上天色还比较昏暗，怕你一个人过巷子时不安全。况且天气冷，我们可以跑着去学校，这样让身体散发热量暖和一些。”可惜坚持两周后，女孩冷冷地对我说不用麻烦了，为此我也难过了好几天。

后来，我又用攒下的零用钱买了一个闹钟给自己暗恋的女生，谁知道女生对我说了一句话：“没人爱的姑娘才用闹钟叫自己起床。”看她生气的样子我很伤心，她理解送闹钟的含义是暗示她没人要，其实我只是想告诉她珍惜时间，也珍惜眼前人。

毕业后，我和女孩也只是在网上有着联系，她谈不上前任，但是我青春期单纯暗恋过的人。后来，我也谈了恋爱，依旧像以前那么傻，我怕前任过得不好，于是千方百计打听前任消息与前任的住址，逢年过节都会在网上买一些礼物寄给前任，就是怕前任没我以后过得不快乐啊。最终我发现，我真的想太多，前任没我之后，反而过得更快乐了，至少别人买车了、结婚了；而我呢，单身了好几年，买不起车，还在为房奋斗。

现在，我知道爱情不是生活的全部，如果别人说前任过得比我好，证明我是一个没有在单身期努力的人，朋友们也会笑话我居然为一点点小情小爱就忘记了奋斗，忘记了目标，也太尿了。

所以啊，生活里有趣的事情太多了，不要把你的精力放在过去，放在已经回不来的爱情里。在我看来，朋友阿曦失恋后选择提升自己，这的确是一件好事，只是她的想法有偏差，她认为自己变优秀了，前任会回头。你傻了吧，自己变优秀了，谁还愿意去找那个不懂进步的前任，早就去找与自己奔跑在同一条线的人了。

谁的心里没有难以忘记的人呢？只是有的人不会表现出来而已，因为就算表现出忘不了前任又能怎样，还不是无法解决为生活的奔波与劳累。与其为爱情这件小事纠结，倒不如先保障了柴米油盐的生活这件大事，才会有更多精力与资本去挑选爱情的样子。

很多人最擅长的表演就是口是心非，嘴巴上说着我忘不了前任，我好想知道前任过得好不好，喜欢在微博、朋友圈发一大堆伤感的文字表明自己多么重情重义，喜欢逢人就说自己不敢恋爱是因为前任的影子还羁绊在心中，逃不出来。

多么美好又煽情的理由啊。算了吧，在我看来，你不是忘不了前任，只是你身边还没出现一个又帅气又多金又有才又疯狂爱你的男人，如果这样的男人出现，前任什么样子估计你早就忘得一干二净了。

希望有一天，当有人对你说前任过得比你好时，你应该扇自己一耳光，因为前任都在分手后很努力改变自己去遇见新的感情。你为什么不能洒脱一点，也努力改变自己去遇见对的人呢？

那些还放不下过去沉溺在前任阴影里的傻姑娘们，前任都在积极努力生活，你又有什么理由不去发现生活的美好，遇见好的人，为好的生活努力呢？好聚好散，才是分手应该有的态度。

你的情商有多高，
爱情就有多幸福

前一段时间，朋友小琦和她老公吵架，矛盾闹得很大，整个朋友圈都知道了。小琦与她老公张先生的确经常吵架，但都只是小吵小闹，没想到这一次一发不可收拾，朋友小琦扬言要跟张先生离婚并且打掉肚子里的孩子，现在两岁的儿子也不要了。

作为“嘴毒不饶人”的男闺密，我当然要批评她，指出她的作。朋友小琦只知道一个劲儿地抱怨她老公，却没有仔仔细细分析过自身的原因，比如她自己在外面娱乐时不准她老公娱乐，她老公如果出门玩必须得在晚上10点前回家，要不然小琦就会反锁房门。更为夸张的是，小琦在外面玩时不准老公打电话骚扰自己，但她老公在外面玩时，她则会不停地打电话问她老公多久回家。

你看，一个人女人做得如此过分且偏激，当然会制造出矛盾，但小琦认为她没错，罪魁祸首是她老公。我说别总是把离婚挂嘴边，毕竟有了儿子，现在你还怀了二胎，如果你不喜欢你老公不爱他，怎么会为他怀孩子呢？怎么愿意与他共同生活呢？你们两个人就是脾气倔强，互不认输，只想到对方的坏脾气，没有多想想对方的好。

小琦听我说这些大道理时，仍旧听不进去，一直骂骂咧咧地说要让她老公与她婆婆都知道她的厉害。

结果，有一天下雨，小琦穿着睡衣、拖鞋，头发也没洗更没化妆，总之就邋里邋遢地跑去她老公张先生的单位像泼妇似的骂街，让张先生颜面扫地，一时间更让张先生成为单位里的笑柄，大家都知道他家里有一位“悍妇”。为此，张先生大发雷霆，直接离家出走，小琦的婆婆也带着孙子回老家了，就剩小琦一个人在家。

我问小琦：“这就是你想要解决问题的方式吗？这样四分五裂、两败俱伤你就会快乐吗？这不但不会帮你解决问题，更会制造更多矛盾。”小琦没听进去，只是一个劲儿地抱怨、咒骂，完完全全没有想到自己已经丧失了理智。

当时，我从很多角度给小琦分析问题，小琦却给自己画地为牢了，无论我怎么说她都听不进去。没办法，最后还是靠她自己去解决问题，就像《隐性逻辑》这本书中的一句话“一个人解决问题的能力，很大程度上取决于他如何理解这个问题”。

身边爱吵架爱闹分手的情侣太多了，我不仅看见过别人吵架时像电视剧里那样精彩，也听见过各种奇葩且让人无语的理由。结合自己的所见所闻与朋友小琦的例子，我就在想，当我们与恋人吵架时，如何做才能“化险为夷”，才能让感情不破裂呢？

1.不要把所有问题都归咎于是对方“制造”出来的

我很赞同《隐性逻辑》里的一个观点，那便是“每个人都在找别人的问题（证明自己的想法），却看不到自己的愚蠢（反驳自己的观点）”。如同朋友小琦的例子，她与老公张先生吵架，总觉得张先生爱打网游，爱撒谎说加班，其实在外面喝酒，不爱秒回她微信甚至不接电话，这些问题的产生不仅仅因为张先生本人，也可能是小琦把他束缚得太紧了，让他透不过气，张先生想找方式“透气”，然而小琦却不准，这就激发了张先生的抵触心理，小琦却理所当然地认为一切矛盾都是张先生制造的，未曾发现自己身上的问题。

为什么？因为我们只看得见别人身上的问题，却看不见自己的错误。在感情里，我们也要学会从自身分析矛盾的出现，我怎样做才能解决问题，那些原本可以自己退一步的矛盾就退一步吧，只有彼此让步，矛盾才能得到解决。

生活是岁月静好还是鸡飞狗跳，完全看你如何对待。无论情侣还是夫妻，都没必要因为一点鸡毛蒜皮的事情就大吵大闹，搞得家里乌烟瘴气，全家人都不痛快。

年轻的夫妻总是心直口快，想吵架就吵架，想离家出走就离家出走，没有顾全大局，更没想过长远发展。如果总是吵架，要小心这会埋下定时炸弹，说不定等到真正爆发时，你才知道不是仅仅恋人受伤，而是大家都遍体鳞伤。

2.多给恋人好评，少给恋人贴标签

你应该很少给恋人好评吧，因为你把更多时间都耗费在给恋人贴标签的身上了，你觉得对方“好吃懒做”“碌碌无为”“贪小便宜”等，你总是看见恋人不好的一面，不愿去挖掘恋人身上优秀的一面，难怪你与恋人总是吵架。

换个角度思考，如果你喜欢随意贴标签，不妨把“坏”标签慢慢过渡，从中性词过渡到“好”。恋人之间学会多表扬赞美彼此，贴好的标签，那么自然而然看见的都是对方好的一面了，因为好的标签可以维护对方在自己心里的位置。学会有意识、有目的地观察与思考，能够让你在给别人贴标签之前，多发现别人好的一面，然后再下定义。

举个例子，如果恋人做什么事情没让你满意，比如女人做错了事被男人批评时，不要顶嘴，以撒娇的口吻说：“你是有风度又爷们儿的男人，应该让着我这样的小女生啦！”这种示弱的方式既会让男人心软，也化解了吵架的冲动。

3.你的“以我的经验判断”不一定都是对的

身边有一个朋友，特别爱怀疑她男友每次都秒回信息，肯定是在玩手机勾搭其他妹子。听见她这样的理由我感到哭笑不得，别的女孩子都想要秒回，她却认为男生秒回信息肯定不务正业，肯定是在玩手机或者和女生聊天。于是，这个朋友翻看过她男友的微信、QQ、微博、APP下载历史记录，都没有找到蛛丝马迹，但是她仍旧喜欢怀疑，认为以自己的经验判断应该是对的。

导致恋人间矛盾激发的原因之一，无非是“根据我以往的经验，他肯定是这样做了”。其实你的这种想法是错的，有一句话不是说：“我们常常把经验当作习惯，导致我们总是做相同的决定，从不去反思，这样就很危险了嘛！”虽然你觉得自己根据经验判断了很多次都没错，但恋人之间却不一定适用，因为这只是帮你找方法，不能帮你解决问题。

恋人相处的模式，不应该以经验判断好坏，当你产生这种思维时，不妨放空自己，学会发呆与凝视，把复杂的问题想简单些。告诉自己说不定问题本身就简单，是自己大惊小怪了。这样，你就不会因为自己的经验误判恋人做错了事，而又激发了矛盾。

4.通过小事提高对爱的心理预期值

爱得患得患失应该是大多数恋爱中的女生都害怕的事情。为什么会害怕呢？因为你总是喜欢用“我已经付出了那么多做了那么多，为什么……”这样的语气，却未曾想过爱情不是计较得失，是珍惜当下。如果你因为这种想法老爱找另一半吵架，建议你们可以尝试做做以下三点。

（1）培养共同爱好

恋人之间想要关系越来越亲密，只有共同爱好能够拉近彼此的距离，增加彼此的交流。

（2）多说对方优点，多表扬对方

很多女孩子不喜欢表扬自己的男友或老公，总是对着他们唠唠叨叨、骂骂咧咧，这其实不利于恋人间关系的发展。想要感情越来越好，适度适时的赞美、表扬，会让对方产生原来我在你心里很重要的感受。

（3）多制造“小确幸”

不要老是过一成不变的生活，要学会给感情上色，周末不上班时可以来一个烛光晚餐，或者网上买漂亮的餐具做饭取悦恋人，也可以一起去爬山、野炊，甚至弄一次温馨的家庭影院。不要觉得这些小事很平常，实际上，是在加深你与恋人之间的亲密感与认同度。

对于爱情，女生能撒娇的时候就不要顶嘴，能出门逛街解决的就不要生闷气。男生要学会把女生的抱怨左耳进右耳出，也要学会在女生生气时自己出门走走，顺便给女生带点小礼物回家，这样也能化解矛盾。

感情是自己争取的，要多一点点包容，多一点点真诚，也多一点点理性。大多数情况下，你与恋人的矛盾激化，都是因为你不肯用心去想如何解决问题，不肯用套路去逗对方开心。因此，当与恋人争吵时，应多想想如何解决问题的方法，而不是一味激化矛盾。

把错的人扔掉，
生活才会越来越美好

青春成长过程中，你总会遇见这样一类人，他来到你的世界伤害你、背叛你、惹哭你，是想告诉你并不是所有与你恋爱的人，你都要拿出真心去对待。

有的人就是给你上一堂课，教会你一些道理，然后离开。有的人，不仅给你上课，更陪你一起变美好变勇敢变强大，这样的人，才是你应该用心去守护去爱的人。千万不要再为那些离开你的人伤心，不值得，你的化妆品贵着呢，你要把所有的力气留着让自己变得温暖美好，去与对的人相遇。

谁年轻时没有爱过一个把自己伤透的人呢？等到真正成长到百毒不侵的年纪后你再回头看看，所有你以为的忘不了，都是你在耽搁自己与对的人相遇。

你以为前任也会想起你，你想太多了，前任肯定比你先谈恋爱、比你先结婚、比你过得更好。再看看你自己，整天一副寻死觅活的样子，就你这样根本无法遇见童话中的白马王子。

失恋后，你要振作起来，尤其是被渣男伤害后，更不要一蹶不振，你的目标是过得快乐且潇洒，让伤害过你的渣男知道，你很强大，你很快乐。

那天晚上在酒吧喝酒时，朋友栩栩突然语气笃定地告诉我，她准备嫁给大洋。我以为她开玩笑，又反复问了几次，因为酒吧太吵了，也或许她喝醉了酒，又凑在我耳边一字一句大声地说："我准备嫁给爱情了，我要嫁给大洋。"

她这样说完以后，我说："恭喜你，最后如愿以偿地嫁给了爱情。只要是你喜欢的，无论你做什么样的决定，我都支持。"其实，不管是在朋友眼中，还是在栩栩的妈妈眼中，她与大洋的这段感情并不被大多数人祝福。

栩栩与大洋相恋已有两年多，在这两年多时间了，他们很少吵架，即便是有过小摩擦小矛盾，也能用自己的方式快速化解。栩栩说她很爱很爱大洋，那种热烈的感觉就像是栩栩是一朵花，只有在绿叶的衬托下才能绽放华丽无比的美。

栩栩与大洋在一起后，他们构思过未来生活的更多可能性，比如婚后生活里一起赚钱养家，一起给小孩取名、带孩子旅行，下班回家后一起做饭，一起坐在沙发上看电视剧。她理想中的爱情，就是在细水长流的平淡生活中，过出温暖灿烂的姿态。

然而，栩栩与大洋的感情终究不被大多数人看好，因为大洋即将奔三了，栩栩才二十出头的年纪，两人年龄差距悬殊。此外，栩栩的母亲极力反对她与大洋结婚，说谈恋爱可以睁一只眼闭一只眼就这样过去，但结婚不行。

我问过她，我说你妈妈为什么不让你们在一起。她说主要是年龄问题，其次是她妈妈希望她嫁给一个有安全感的人。毕竟现在的大洋工作不稳定，她妈妈不想让自己的女儿将来吃亏，并且栩栩家庭条件优渥，就算不能嫁给门当户对的人，也要旗鼓相当，至少男人要有事业心与上进心，让女人知道跟着你不会后悔。

因为有时一些琐细的矛盾不能得到解决，难免成为两人争吵的导火线。两个人谈恋爱时，适当的争吵有时候反而能够更好地认清彼此，摸清对方的脾气，以便以后能够巧妙地避开矛盾。但是，如果有了矛盾不去解决，只是兵刃相见，这样的感情便岌岌可危。

两人谈恋爱因为得不到家人的祝福而吵架，栩栩最终还是与大洋分手了。一对恋人背道而驰后，总会有一个人没走多远，会停在原地，默默地看着前任与自己渐行渐远。说好听一点，是留在原地等前任回头，担心前任万一回头了找不到自己。说得不好听些，其实是画地为牢。栩栩便是那个忘不了大洋的女人。

他们分手后，栩栩喜欢买醉，喜欢在醉酒后念叨着大洋的好，喜欢反反复复地去回忆与大洋经历过的点点滴滴。当然，栩栩也试图进入别人的世界忘却大洋，毕竟想要治愈失恋的伤痛，唯有时间与新欢的到来，才能让一个人重新开始。

很可惜，那时候，当栩栩以为好不容易出现的那个男人是自己的爱情终结者时，剧情又突然转变，男生居然是个渣男，幸亏栩栩发现及时，才避免了让自己受到更多伤害。

自此之后，栩栩又开始想念大洋，想与他重新开始，但又怕自己的唐突会打扰他的生活。

栩栩说，她是一个极度缺乏安全感的女人。她看起来陪朋友尽情地吃喝玩乐，但其实回到家里后，内心还是空荡荡的，还是希望有个人陪在自己身边说说话，哪怕自己在厨房做饭，喜欢的人坐在客厅看电视，两人没有说话，这样的感觉也挺好，至少，有了家的温暖。

很多时候，我们都在抱怨为什么对的人还没出现。并不是对的人很难遇见，所谓对的人，关键看自己是以什么心态对待。

与大洋分手后，栩栩也独自扛过了一段低沉期。我知道栩栩放不下，既然放不下，就要试试能否重新开始，至少，不要让自己留有遗憾。毕竟很多遗憾我们可以避免，很多人，我们也可以避免丢失。

我想起自己那一年与前任分手后，也用了好几年的时间去忘记。我想起那一年，我怀揣孤勇，单枪匹马闯入她的世界，最后被伤得溃不成军。后来我才知道，爱情不是靠一个人的努力，而是两个人的维系。纵然被爱情伤过，但是最后才发现，我心心念念，夜半醒来想要有人在身边抱着我说“乖，别怕，有我在”的人，还是她。

分开后的这些年里，我一个人去完成之前我们两个人约好的事情。我背着书包戴着耳机孤单旅行、吃饭、拍照、养狗、看电影、一个人睡觉、一个人在雨天坐公交回家、一个人参加别人的婚礼，我一个人做着这些并不想一个人去完成的事情。别人都说单身很酷，然而我并不觉得，反而觉得很可悲。

后来，我才恍然大悟，分手也教会了我成长，毕竟这世间花好月圆的感情需要两个人的用心经营，也并不是所有说了我爱你之后，你就得拿一生相随这样的结果赠给我。能够在不懂爱的年纪与让自己歇斯底里爱过的人相遇，这其实也是一种幸运了。

某一天，栩栩约我上街，她开车在我家附近等我时，我看见大洋也坐在车上。我发信息给栩栩，我说既然放不下，就好好珍惜，不要再做一些让自己难过的事情了。两人和好后，栩栩努力说服自己的妈妈接受大洋。在栩栩的努力下，她妈妈终于答应了，大洋也向栩栩的妈妈承诺了很多，他说他会做一个有担当与责任感的男人。

他们二人和好后，虽然也有一些小摩擦，虽然栩栩仍旧会担心未来，但是，爱情不就是这样嘛，一边提灯前行，一边心怀希冀去憧憬春暖花开的未来。更何况，在爱情的这条路上，又不是你一个人，还有你身边爱你的人陪你一起打怪升级。栩栩曾经被一个可恨的男人伤害过，但庆幸的是正是渣男的离开，才能使她与自己喜欢的人好好相爱，好好生活。

栩栩与大洋结婚那天，我说祝贺你嫁给了爱情。栩栩笑着说她终于知道爱情一定要靠自己争取，要不然，真的会与对的人走散。我想了想，的确如此，如果当初栩栩没有把渣男像垃圾那样扔掉，如果我自己仍旧沦陷在忘不了前任的阴影里，那么，又怎么会有此时此刻诸多美好的时刻出现呢?

现在，栩栩怀了小宝宝，生活虽然平静普通，但这是她喜欢的样子，她每天下班后和老公一起去散步，晚上一起坐在沙发上看电视，享受着家的美好。这世界的美好有很多，有些时光，需要两个人一起浪费才圆满。比如，春天在花海里沉醉；夏天的晚上听着电台情歌，与你爱的人坐在院子里看星星；秋天的时候一起牵手去远方看看世界的样子；冬天下雪的时候什么都不做，彼此拥抱着在被窝里看剧。

美好时光一定要有对的人参与才圆满。对于那些伤害过你的人，你就不要担心对方过得好不好，这些都与你无关。扔掉的东西，也不要打听最后被谁捡到，你要做的应该是把自己打扮得好看些，然后去打听对的人多久到来，做好迎接他到来的准备。

图书在版编目（CIP）数据

人生没有彩排，现在就是你的未来 / 沈善书著. —
北京 : 九州出版社, 2018.2

ISBN 978-7-5108-6538-1

Ⅰ. ①人… Ⅱ. ①沈… Ⅲ. ①成功心理—青年读物
Ⅳ. ①B848.4-49

中国版本图书馆CIP数据核字（2018）第012656号

人生没有彩排，现在就是你的未来

作　　者	沈善书　著
出版发行	九州出版社
地　　址	北京市西城区阜外大街甲35号（100037）
发行电话	（010）68992190/3/5/6
网　　址	www.jiuzhoupress.com
电子邮箱	jiuzhou@jiuzhoupress.com
印　　刷	河北鹏润印刷有限公司
开　　本	880毫米×1230毫米　32开
印　　张	9
字　　数	150千字
版　　次	2018年3月第1版
印　　次	2018年3月第1次印刷
书　　号	ISBN 978-7-5108-6538-1
定　　价	39.80元

有爱的青春陪伴者